E. Worch

Klausurtraining
Hydrochemische Berechnungen

Klausurtraining

Hydrochemische Berechnungen

Von Prof. Dr. Eckhard Worch
Technische Universität Dresden

B. G. Teubner Stuttgart · Leipzig · Wiesbaden

Prof. Dr. rer. nat. habil. Eckhard Worch

Geboren 1951 in Zeitz. Von 1969 bis 1973 Studium der Chemie an der TH Leuna-Merseburg. Nach zweijähriger Tätigkeit in den Leuna-Werken 1975 Rückkehr an die TH Leuna-Merseburg. Promotion 1980, Habilitation 1986. Von 1989 bis 1993 Dozent für Ökologische Chemie an der TH Leuna-Merseburg und an der Martin-Luther-Universität Halle-Wittenberg. Seit 1993 Professor für Hydrochemie und Direktor des Instituts für Wasserchemie an der TU Dresden.

Die Deutsche Bibliothek – CIP-Einheitsaufnahme
Ein Titeldatensatz für diese Publikation ist bei
Der Deutschen Bibliothek erhältlich.

1. Auflage November 2000

Alle Rechte vorbehalten
© B. G. Teubner Stuttgart/Leipzig/Wiesbaden, 2000

Der Verlag Teubner ist ein Unternehmen der Fachverlagsgruppe BertelsmannSpringer.

www.teubner.de

Gedruckt auf säurefreiem Papier
Einbandgestaltung: Peter Pfitz, Stuttgart

ISBN-13:978-3-519-00300-7   e-ISBN-13:978-3-322-80023-7
DOI: 10.1007/978-3-322-80023-7

Vorwort

Die Wasserchemie beschäftigt sich mit Vorkommen, Eigenschaften und Verhalten von Wasserinhaltsstoffen in natürlichen Systemen und im Nutzungskreislauf des Wassers. In wasserchemischen Lehrveranstaltungen, insbesondere in den Grundlagenvorlesungen, nehmen die physikalisch-chemischen Gesetzmäßigkeiten, die den Reaktionen und Phasenübergängen von Wasserinhaltsstoffen zugrunde liegen, in der Regel einen breiten Raum ein. Im Mittelpunkt steht dabei das Massenwirkungsgesetz (das „Grundgesetz" des chemischen Gleichgewichts) in seinen speziell auf wäßrige Systeme bezogenen Anwendungsformen. Die ebenfalls wichtigen kinetischen Aspekte sind meist spezielleren Vorlesungen vorbehalten. Die Bedeutung, die den hydrochemischen (Gleichgewichts-)Berechnungen in der wasserchemischen Grundausbildung zukommt, spiegelt sich naturgemäß auch in einem nicht unerheblichen Anteil von Rechenaufgaben in den Klausuren wider. Gerade diese Aufgaben stellen aber für viele Studenten eine Hürde dar. Dies gilt vor allem – aber nicht ausschließlich – für Studenten nichtchemischer Studiengänge, die mit dem chemischen Rechnen nicht so vertraut sind. Da die Fähigkeit zum Lösen hydrochemischer Aufgaben natürlich in erster Linie durch selbständiges Üben erworben wird, besteht seitens der Studierenden ein berechtigter Wunsch nach Bereitstellung entsprechender Übungsaufgaben, die zur Vorbereitung auf Klausuren genutzt werden können. Es war daher naheliegend, eine Sammlung von Klausuraufgaben zusammenzustellen und in Form eines Buches zu veröffentlichen.

Die vorliegende Aufgabensammlung umfaßt neben einem einleitenden Kapitel zur Stöchiometrie und einem speziellen Kapitel zu kolligativen Eigenschaften wäßriger Lösungen vor allem Aufgaben zu den Komplexen Säure-Base-Gleichgewichte, Löslichkeitsgleichgewichte für Gase und Feststoffe, Komplexgleichgewichte sowie Redoxgleichgewichte. Es folgt damit im wesentlichen der Gliederung des ebenfalls im Verlag B. G. Teubner erschienenen Buches „Wasser und Wasserinhaltsstoffe" und ergänzt dieses.

Die Aufgaben, gekennzeichnet mit $\boxed{\text{A}}$, sind so konzipiert, daß sie dem Charakter von Klausuraufgaben entsprechen. Das heißt, die Lösungswege sind nicht allzu kompliziert und zeitaufwendig. Dies zwingt natürlich zu Beschränkungen und Vereinfachungen. Dem Leser werden hier grundlegende Lösungsprinzipien für wasserchemische Fragestellungen vermittelt; die tatsächlichen Verhältnisse in aquatischen Systemen sind häufig weitaus komplexer und durch Überlagerung verschiedener Reaktionsgleichgewichte geprägt.

Am Ende jedes Kapitels finden sich zu den meisten Aufgaben Hinweise $\boxed{\text{H}}$, die neben zusätzlichen Erläuterungen vor allem Anregungen zur Lösung geben. Zunächst sollte aber immer versucht werden, ohne diese Hinweise auszukommen. Gleiches gilt für die Benutzung der Formelsammlung im Anhang, die alle zur Lösung der Aufgaben benötigten physikalisch-chemischen Formeln beinhaltet. In Klausuren wird in der Regel die Kenntnis dieser grundlegenden Beziehungen vorausgesetzt.

Der zweite Teil des Buches enthält schließlich die Lösungen $\boxed{\text{L}}$ zu den Aufgaben, wobei nicht nur die Ergebnisse, sondern auch die vollständigen Lösungswege angegeben werden. Damit können alle Schritte der Berechnung geprüft und gegebenenfalls Fehlerquellen erkannt werden.

Mein besonderer Dank gilt meinen Mitarbeitern Herrn Dr. H. Börnick, Frau Dipl.-Chem. P. Eppinger, Herrn Dipl.-Ing. T. Grischek, Herrn Dipl.-Chem. D. Römer, Frau Dipl.-Ing. D. Schönheinz und Herrn Dipl.-Geol. B. Schreiber, die sich die Mühe gemacht haben, die Aufgaben durchzurechnen und die mir wertvolle Hinweise gegeben haben. Frau H. Franz danke ich für die kritische Durchsicht des Manuskripts. Nicht zuletzt bin ich auch Herrn J. Weiß vom Verlag B. G. Teubner für die Anregung zu diesem Buch und die gute Zusammenarbeit zu großem Dank verpflichtet.

Kritische Anmerkungen, Hinweise zu möglicherweise noch verbliebenen Fehlern und Anregungen zur weiteren Verbesserung des Buches werden gern entgegengenommen.

Dresden, im Juli 2000   Eckhard Worch

Inhalt

Vorbemerkungen

Der Hauptteil des Buches beschäftigt sich mit Gleichgewichtsberechnungen. Reaktionsgleichgewichte in aquatischen Systemen sind von sehr komplexer Natur. Zum einen handelt es sich im Regelfall um gekoppelte Gleichgewichte, zum anderen ist eine Vielzahl unterschiedlicher Spezies an den Reaktionen beteiligt. In hydrochemischen Lehrveranstaltungen werden aus didaktischen Gründen die verschiedenen Typen von Reaktionsgleichgewichten üblicherweise zunächst separat behandelt, um dann an einzelnen und immer noch vereinfachten Beispielen die Kopplung von Gleichgewichten zu erläutern. Auf diese Weise soll das grundlegende Verständnis für das Vorgehen bei Gleichgewichtsberechnungen geweckt werden. Dementsprechend dienen die folgenden Beispielaufgaben vor allem der Vermittlung des Basiswissens und geben – auch wenn sie einen Praxisbezug aufweisen – zwangsläufig immer nur ein mehr oder weniger stark vereinfachtes Abbild der Wirklichkeit wieder.

Gleichgewichte werden aber nicht nur durch Nebenreaktionen, sondern auch durch Ionenstärke und Temperatur der Lösung beeinflußt. Auch hierzu müssen zur Vereinfachung entsprechende Annahmen gemacht werden. Da es aber weder möglich noch sinnvoll ist, immer alle Annahmen und Vereinfachungen in den Aufgabentexten explizit zu benennen, sollen an dieser Stelle zwei generelle Vereinbarungen getroffen werden:

- Exakte Gleichgewichtsberechnungen basieren auf thermodynamischen Gleichgewichtskonstanten und Aktivitäten. Bei den wasserchemisch relevanten Elektrolytgleichgewichten hängen die Aktivitätskoeffizienten γ von der Ionenstärke I ab. So gilt für die Konzentrationsaktivität:

$$a = \gamma\, c \qquad \gamma = f(I)\,.$$

  Für verdünnte Lösungen können – unter Beibehaltung der thermodynamischen Konstanten – anstelle der Aktivitäten a auch Konzentrationen c zur Gleichgewichtsberechnung verwendet werden (wegen $\gamma \to 1$ für $I \to 0$). Von dieser Näherung wird im vorliegenden Buch durchgängig Gebrauch gemacht.

- Gleichgewichtskonstanten sind temperaturabhängig. Zur Vereinfachung wird in vielen Aufgaben auf die Angabe der Temperatur verzichtet. Die Konstanten beziehen sich in diesen Fällen auf 25 °C.

Die in den Aufgaben verwendeten Gleichgewichtskonstanten wurden verschiedenen Büchern und Tabellenwerken entnommen. Bei der Übernahme der Daten wurde darauf geachtet, daß es sich um repräsentative Werte handelt, ohne daß jedoch in jedem Fall eine umfassende und kritische Prüfung erfolgte. Das Buch sollte daher nicht als Referenzwerk für Gleichgewichtskonstanten verwendet werden.

Hinsichtlich der Nomenklatur ist auf folgende Besonderheiten hinzuweisen:

- Eine hochgestellte Ladungszahl 0 kennzeichnet einen ungeladenen Komplex bzw. ein neutrales Ionenpaar in Lösung. Damit soll der Unterschied zu Feststoffen gleicher Summenformel hervorgehoben werden. So steht zum Beispiel die Formel $CaCO_3^0$ für ein Ionenpaar in Lösung, die Formel $CaCO_3$ dagegen für den Feststoff Calciumcarbonat.
- Zur Angabe von Gesamtkonzentrationen in Bilanzgleichungen werden die Elementsymbole bzw. die Formeln der Atomgruppen (ohne Ladungen) verwendet, zum Beispiel:
$$c(Ca) = c(Ca^{2+}) + c(CaCO_3^0) + c(CaHCO_3^+) + \dots$$
$$c(SO_4) = c(SO_4^{2-}) + c(CaSO_4^0) + \dots .$$
Gleiches gilt auch für die Angabe von molaren Massen, z. B. $M(Ca)$, $M(SO_4)$.
- Für die im Wasser hydratisiert vorliegenden Protonen wird – wie allgemein üblich – vereinfachend das Symbol H^+ verwendet.

1 Einfache stöchiometrische Berechnungen

1.1 Aufgaben

A 1.1 Ein Oberflächenwasser enthält 75 mg/L Ca^{2+} und 15 mg/L Mg^{2+}. Berechnen Sie die Stoffmengenkonzentrationen und die Äquivalentkonzentrationen!
$M(Ca) = 40,1$ g/mol; $M(Mg) = 24,3$ g/mol

A 1.2 1 kg einer wäßrigen Lösung enthält 22 mg Na^+. Wie groß ist der Massenanteil $w(Na^+)$ in g/g, in % und in ppm?

A 1.3 Die Wasserhärte (Gehalt an Erdalkaliionen, im wesentlichen Ca^{2+} und Mg^{2+}) wurde früher in Grad deutscher Härte (°dH) angegeben. Diese Angabe basiert auf der Definition: 1°dH = 10 mg/L CaO bzw. 1°dH = 7,187 mg/L MgO. Ermitteln Sie den Zusammenhang zwischen °dH und der heute gebräuchlichen Angabe $c(Ca^{2+} + Mg^{2+})$ in mmol/L! Die molaren Massen von CaO und MgO betragen 56,08 g/mol bzw. 40,30 g/mol.

A 1.4 Auf einer Mineralwasserflasche sind folgende Analysendaten angegeben:
$\beta(Ca^{2+}) = 348$ mg/L, $\beta(Mg^{2+}) = 108$ mg/L, $\beta(Na^+) = 118$ mg/L, $\beta(K^+) = 11$ mg/L, $\beta(Cl^-) = 40$ mg/L, $\beta(SO_4^{2-}) = 38$ mg/L, $\beta(HCO_3^-) = 1816$ mg/L.
Prüfen Sie die Analyse auf Plausibilität!
$M(Ca) = 40,1$ g/mol; $M(Mg) = 24,3$ g/mol; $M(Na) = 23$ g/mol; $M(K) = 39,1$ g/mol; $M(Cl) = 35,5$ g/mol; $M(SO_4) = 96,1$ g/mol; $M(HCO_3) = 61$ g/mol

A 1.5 Eine Wasseranalyse ergab die folgenden Konzentrationen:
$c(Ca^{2+}) = 1,8$ mmol/L; $c(Mg^{2+}) = 0,5$ mmol/L; $c(Na^+) = 3,1$ mmol/L; $c(K^+) = 0,2$ mmol/L; $c(Cl^-) = 3,6$ mmol/L; $c(NO_3^-) = 0,3$ mmol/L; $c(SO_4^{2-}) = 0,7$ mmol/L
sowie die weiteren Parameter:
$K_{S4,3} = 2,65$ mmol/L; $pH = 6,8$.
a) Wie groß ist die Hydrogencarbonationenkonzentration in mg/L ($M(HCO_3) = 61$ g/mol)?

b) Geben Sie für alle Kationen und Anionen (einschl. Hydrogencarbonat) die Äquivalentkonzentrationen an!

c) Prüfen Sie mit Hilfe der Elektroneutralitätsbedingung die Plausibilität der Analyse!

d) Wie groß sind Gesamthärte und Carbonathärte in mmol/L und °dH?

e) Berechnen Sie für dieses Wasser die Ionenstärke!

A 1.6 Von einer Wasserprobe sind folgende Daten bekannt: Härte: 4,25 mmol/L und c(Anionenäquivalente) = 10,7 mmol/L. Berechnen Sie aus diesen Daten die Summe der Konzentrationen an Na^+ und K^+! Weitere Kationen sind zu vernachlässigen.

A 1.7 Wasser A enthält eine Calciumgesamtkonzentration von β(Ca) = 45 mg/L, Wasser B eine Konzentration von β(Ca) = 15 mg/L. Beide Wässer werden im Volumenverhältnis $V_A:V_B$ = 1:5 gemischt. Welche Calciumkonzentration weist das Mischwasser auf?

A 1.8 Der nach Erhitzen einer Wasserprobe auf 180 °C verbleibende Feststoff wird als Abdampfrückstand bezeichnet und – bezogen auf das ursprüngliche Wasservolumen – in mg/L angegeben. Der Abdampfrückstand ist ein Maß für den Gesamtgehalt anorganischer Wasserinhaltsstoffe, ohne jedoch identisch mit der Summe der Ionenkonzentrationen zu sein. Berechnen Sie den theoretisch zu erwartenden Abdampfrückstand für eine Wasserprobe folgender Zusammensetzung:

$\beta(Ca^{2+})$ = 136 mg/L; $\beta(Mg^{2+})$ = 36 mg/L; $\beta(Na^+)$ = 15 mg/L; $\beta(K^+)$ = 2 mg/L; $\beta(Cl^-)$ = 50 mg/L; $\beta(HCO_3^-)$ = 325 mg/L; $\beta(SO_4^{2-})$ = 175 mg/L; $\beta(NO_3^-)$ = 5 mg/L!

M(C) = 12 g/mol; M(H) = 1 g/mol; M(O) = 16 g/mol

A 1.9 In der Trinkwasserverordnung wird für Phosphat (berechnet als PO_4^{3-}) ein Grenzwert von $\beta(PO_4^{3-})$ = 6,7 mg/L angegeben. Das Erstaunen über diesen ungewöhnlichen („krummen") Wert legt sich sofort, wenn man auf die Bezugsbasis P_2O_5 umrechnet. Führen Sie diese Umrechnung durch!

M(P) = 31 g/mol; M(O) = 16 g/mol

A 1.10 Mitunter werden Konzentrationsangaben nicht auf die tatsächlich vorliegenden Verbindungen, sondern auf die darin enthaltenen Elemente (z. B. N, P, C) bezogen. Führen Sie folgende Umrechnungen durch:

a) $\beta(NO_3^-) = 10$ mg/L $\rightarrow \beta(N) = ?$ mg/L

b) $\beta(H_2PO_4^-) = 0{,}5$ mg/L $\rightarrow \beta(P) = ?$ mg/L

c) $\beta(C_6H_5OH) = 1$ µg/L $\rightarrow \beta(C) = ?$ µg/L!

$M(C) = 12$ g/mol; $M(O) = 16$ g/mol; $M(N) = 14$ g/mol; $M(H) = 1$ g/mol; $M(P) = 31$ g/mol

A 1.11 In einer Wasserprobe wurden folgende Konzentrationen chlorierter Kohlenwasserstoffe bestimmt: 5 µg/L Trichlorethen (C_2HCl_3), 3 µg/L 1,1,1-Trichlorethan ($C_2H_3Cl_3$), 6 µg/L Tetrachlorethen (C_2Cl_4). Eine AOX-Bestimmung für die gleiche Probe ergab 20 µg/L Cl^-. Welcher Prozentsatz des AOX wird durch die Summe der angegebenen Einzelstoffe erfaßt?

$M(C) = 12$ g/mol; $M(H) = 1$ g/mol; $M(Cl) = 35{,}5$ g/mol

A 1.12 Die Bestimmung des CSB (Chemischer Sauerstoffbedarf) als Maß für den Gehalt eines Wassers an oxidierbaren organischen Wasserinhaltsstoffen erfolgt unter Verwendung des Oxidationsmittels Kaliumdichromat $K_2Cr_2O_7$. Das Ergebnis wird als Sauerstoffbedarf in mg/L O_2 angegeben. Welchem Verbrauch an Kaliumdichromat (in mg/L) entspricht ein CSB von 1 mg/L O_2? Ermitteln Sie den Umrechnungsfaktor unter Beachtung der folgenden Oxidationsreaktionen:

$$Cr_2O_7^{2-} + 14\,H^+ + 6\,e^- \;\rightleftharpoons\; 2\,Cr^{3+} + 7\,H_2O$$

$$O_2 + 4\,H^+ + 4\,e^- \;\rightleftharpoons\; 2\,H_2O \;!$$

$M(K) = 39{,}1$ g/mol; $M(Cr) = 52$ g/mol; $M(O) = 16$ g/mol

A 1.13 Ammoniumionen, die in Gewässern der Nitrifikation gemäß

$$NH_4^+ + 1{,}5\,O_2 \;\rightleftharpoons\; NO_2^- + H_2O + 2\,H^+$$

$$NO_2^- + 0{,}5\,O_2 \;\rightleftharpoons\; NO_3^-$$

unterliegen, tragen zur Sauerstoffzehrung bei. Berechnen Sie, wieviel mg/L Sauerstoff bei der vollständigen Oxidation von 0,5 mg/L NH_4^+ verbraucht werden!

$M(O) = 16$ g/mol; $M(N) = 14$ g/mol; $M(H) = 1$ g/mol

A 1.14 Die Gewässereutrophierung infolge eines überhöhten Nährstoffeintrags ist gekennzeichnet durch eine hohe photosynthetische Biomasseproduktion in den oberen Gewässerschichten. In der Folge wird – nach Absterben und Absinken der Biomasse – lokal (am Gewässergrund) bei der oxidativen Mineralisierung mehr Sauerstoff verbraucht als durch Diffusion nachgeliefert werden kann. Aus der Sauerstoffzehrung und der damit verbundenen Absenkung des Redoxpotentials resultieren weitere Reaktionen, die sich negativ auf die Gewässerqualität auswirken. Unter Berücksichtigung der elementaren Zusammensetzung von Algenprotoplasma läßt sich die Photosynthese durch die Gleichung

$$106\ CO_2 + 16\ NO_3^- + HPO_4^{2-} + 18\ H^+ + 122\ H_2O \rightleftharpoons C_{106}H_{263}O_{110}N_{16}P + 138\ O_2$$

beschreiben.

a) Berechnen Sie für den Fall, daß Phosphor der wachstumslimitierende Nährstoff ist, wieviel Biomasse (in g) aus 1 g P gebildet werden kann!

b) Wieviel g Sauerstoff sind zur vollständigen Mineralisierung von 1 g Biomasse erforderlich?

$M(C) = 12$ g/mol; $M(H) = 1$ g/mol; $M(N) = 14$ g/mol; $M(P) = 31$ g/mol; $M(O) = 16$ g/mol

A 1.15 Die Entsäuerung von Trinkwasser (Entfernung des überschüssigen Kohlendioxids) kann auf chemischem Wege durch Filtration des aufzubereitenden Wassers über Calciumcarbonat erfolgen.

$$CaCO_{3\ (s)} + CO_2 + H_2O \rightleftharpoons Ca^{2+} + 2\ HCO_3^-$$

a) Wie hoch ist der theoretische Verbrauch an $CaCO_3$ (in g) bei der Umsetzung von 1 g CO_2?

b) Berechnen Sie die aus der Umsetzung von 10 mg/L CO_2 resultierende Aufhärtung des Wassers (in mmol/L)!

$M(CaCO_3) = 100$ g/mol; $M(CO_2) = 44$ g/mol

1.2 Hinweise

H 1.4 Ein Analysenergebnis für die ionischen Hauptkomponenten eines Wassers ist dann plausibel, wenn die Elektroneutralitätsbedingung erfüllt ist. Größere

Defizite auf der Kationen- oder Anionenseite weisen auf Unvollständigkeit oder Fehlerhaftigkeit der Analyse hin. Da hier kein pH-Wert gegeben ist, können H^+-Ionen und OH^--Ionen in der Bilanz nicht berücksichtigt werden. Die Vernachlässigung dieser Ionen ist zulässig, solange die Konzentrationen der H^+- und OH^--Ionen wesentlich geringer sind als die Konzentrationen der übrigen Ionen. Diese Bedingung ist um so besser erfüllt, je näher der pH-Wert am Neutralpunkt liegt, wie die folgenden Beispiele belegen:

$$p\mathrm{H} = 7 \Rightarrow c(\mathrm{H}^+) = c(\mathrm{OH}^-) = 1\cdot 10^{-7}\ \mathrm{mol/L} = 1\cdot 10^{-4}\ \mathrm{mmol/L}$$

$$p\mathrm{H} = 4 \Rightarrow c(\mathrm{H}^+) = 1\cdot 10^{-4}\ \mathrm{mol/L} = 0{,}1\ \mathrm{mmol/L}$$

$$p\mathrm{H} = 10 \Rightarrow c(\mathrm{OH}^-) = 1\cdot 10^{-4}\ \mathrm{mol/L} = 0{,}1\ \mathrm{mmol/L}.$$

$\boxed{\textbf{H 1.5}}$ a) $K_{S4{,}3}$ ist die durch Titration bis zum pH-Wert 4,3 ermittelte Säurekapazität des Wassers. Sie kann zur Berechnung der Hydrogencarbonationenkonzentration verwendet werden (s. L 4.15 c).

c) Aus dem pH-Wert läßt sich ableiten, daß die Protonenkonzentration ($10^{-p\mathrm{H}}$ mol/L) wesentlich niedriger ist als die Konzentrationen der anderen Wasserinhaltsstoffe. Gleiches gilt für die Hydroxidionenkonzentration ($10^{-p\mathrm{OH}}$ mol/L; $p\mathrm{OH} = pK_W - p\mathrm{H}$; $pK_W = 14$). Diese Konzentrationen können daher bei der Aufstellung der Ionenbilanz vernachlässigt werden (s. H 1.4).

d) Anmerkung: Die Angabe der Härte in °dH ist nicht SI-gerecht, in der Praxis aber noch weit verbreitet.

$\boxed{\textbf{H 1.6}}$ Zur Berechnung ist die Elektroneutralitätsbedingung zu verwenden.

$\boxed{\textbf{H 1.7}}$ Die Massen des gelösten Stoffes und im vorliegenden Fall auch die Volumina der Lösungen verhalten sich beim Mischen additiv.

$\boxed{\textbf{H 1.8}}$ HCO_3^- zersetzt sich beim Erhitzen der Wasserprobe auf 180 °C.

$\boxed{\textbf{H 1.9}}$ Beachten Sie die unterschiedlichen Formelindices des Phosphors in PO_4^{3-} und P_2O_5!

$\boxed{\textbf{H 1.11}}$ Bei der AOX-Bestimmung werden die an Aktivkohle adsorbierten organischen Halogenverbindungen nach der Verbrennung der beladenen Kohle als Halogenide erfaßt und summarisch als Chlorid angegeben. Berechnen Sie aus den

Einzelkonzentrationen unter Beachtung der Summenformeln die summarische Cl^--Konzentration und vergleichen Sie diese mit dem AOX-Wert!

H 1.12 Bei Redoxreaktionen besteht Äquivalenz dann, wenn die gleiche Anzahl Elektronen ausgetauscht wird.

H 1.13 Zweckmäßigerweise rechnet man mit der Bruttoreaktionsgleichung.

H 1.14 Photosynthese und Sauerstoffatmung können im chemischen Sinne als Hin- und Rückreaktion betrachtet werden.

2 Kolligative Eigenschaften

2.1 Aufgaben

A 2.1 Berechnen Sie die Siedepunktserhöhung für eine wäßrige NaCl-Lösung der Molalität $c_m(\text{NaCl}) = 0,5$ mol/kg! Die ebullioskopische Konstante (molale Siedepunktserhöhung) für Wasser beträgt $K_{eb} = 0,513$ K kg mol^{-1}.

A 2.2 Bei welcher Temperatur gefriert eine wäßrige CaCl$_2$-Lösung der Molalität $c_m(\text{CaCl}_2) = 1$ mol/kg? Die kryoskopische Konstante (molale Gefrierpunktserniedrigung) für Wasser beträgt $K_{kr} = -1,86$ K kg mol^{-1}.

A 2.3 Berechnen Sie den Gefrierpunkt von Meerwasser! Bei der Berechnung sollen nur die Hauptkomponenten Cl$^-$ (19,3 g/kg), Na$^+$ (10,8 g/kg); SO$_4^{2-}$ (2,7 g/kg) und Mg^{2+} (1,3 g/kg) berücksichtigt werden. Diese machen mehr als 97 % des Gesamtsalzgehaltes von 3,5 % (35 g/kg) aus. Die kryoskopische Konstante (molale Gefrierpunktserniedrigung) beträgt für Wasser $K_{kr} = -1,86$ K kg mol^{-1}.
$M(\text{Cl}) = 35,5$ g/mol; $M(\text{Na}) = 23$ g/mol; $M(\text{SO}_4) = 96,1$ g/mol; $M(\text{Mg}) = 24,3$ g/mol

A 2.4 Wie groß ist der osmotische Druck von Meerwasser bei 25 °C? Verwenden Sie die in Aufgabe A 2.3 gegebenen Daten. Die Dichte des Meerwassers beträgt 1,03 g/cm^3.
$R = 0,083145$ bar L mol^{-1} K^{-1}

A 2.5 Eine wäßrige Salzlösung gefriert bei -3 °C. Wie groß ist der osmotische Druck bei 20 °C? Näherungsweise kann hier die Molalität der Molarität zahlenmäßig gleichgesetzt werden.
$R = 0,083145$ bar L mol^{-1} K^{-1}; $K_{kr} = -1,86$ K kg mol^{-1}

A 2.6 Der Dampfdruck des reinen Wassers beträgt bei 20 °C 23,18 mbar.

Berechnen Sie die relative Dampfdruckerniedrigung für eine wäßrige NaCl-Lösung mit der Molalität $c_m(NaCl)$ = 1 mol/kg! Wie groß ist der Dampfdruck dieser Salzlösung?
$M(H_2O)$ = 18 g/mol

A 2.7 Welche Molalität c_m hat eine $CaCl_2$-Lösung, wenn sie die gleiche Gefrierpunktserniedrigung hervorruft wie eine NaCl-Lösung der Molalität c_m = 2 mol/kg?

A 2.8 Um das Gefrieren von Wasser in Kühlwasserkreisläufen (z. B. in Kraftfahrzeugen) zu verhindern, setzt man dem Wasser Gefrierschutzmittel zu. Ein solches Gefrierschutzmittel ist zum Beispiel Ethylenglycol. Welches Volumen Ethylenglycol muß man einem Liter Kühlwasser zusetzen, um einen Gefrierschutz bis zu −20 °C zu erreichen? Die Dichte des Ethylenglycols beträgt ρ = 1,11 g/cm^3, die molare Masse M = 62 g/mol. Bekannt ist weiterhin die kryoskopische Konstante für Wasser K_{kr} = −1,86 K kg mol^{-1}.

A 2.9 Die Reversosmose ist ein Membranverfahren, das zur Entsalzung von Wasser eingesetzt werden kann. Aus einer 0,5 molaren NaCl-Lösung soll bei 25 °C durch Reversosmose reines Wasser gewonnen werden. Welchen Druck muß man mindestens anwenden? Gegeben ist die Gaskonstante R = 0,083145 bar L mol^{-1} K^{-1}.

2.2 Hinweise

Allgemeiner Hinweis: In allen Aufgaben zu den kolligativen Eigenschaften wird der für reale Systeme notwendige Korrekturfaktor (osmotischer Koeffizient) vernachlässigt.

H 2.1 Beachten Sie, daß für die kolligativen Eigenschaften die Teilchenzahl ausschlaggebend ist.

H 2.2 siehe H 2.1

$\boxed{\textbf{H 2.3}}$ Zur Berechnung des Gesamteffekts ist über alle Teilchenkonzentrationen (Molalitäten) zu summieren. Beachten Sie, daß bei der Molalität das Lösungsmittel die Bezugsbasis bildet (mol pro kg Lösungsmittel), während sich die vorliegenden Gehaltsangaben auf die Masse der Lösung beziehen (g pro kg Lösung)! Aus der Angabe des Gesamtsalzgehaltes läßt sich der Anteil des Lösungsmittels an der Lösung berechnen.

$\boxed{\textbf{H 2.4}}$ Im Unterschied zu Gefrierpunktserniedrigung und Siedepunktserhöhung wird zur Berechnung des osmotischen Druckes die Stoffmengenkonzentration (Molarität) herangezogen. Die Gehaltsangaben beziehen sich dagegen auf kg Lösung. Die Umrechnung erfolgt mit Hilfe der Dichte.

$\boxed{\textbf{H 2.6}}$ Rechnen Sie die Molalität zunächst in den Stoffmengenanteil (Molenbruch) um! Dabei ist die vollständige Dissoziation von NaCl zu beachten. Verwenden Sie zur Ermittlung des Molenbruchs die Stoffmenge der wirksamen Teilchen!

$\boxed{\textbf{H 2.7}}$ Der Wert für die kryoskopische Konstante K_{kr} wird hier nicht unbedingt benötigt. Wenn Sie allerdings einen umständlicheren Weg wählen wollen, können Sie die Konstante der Aufgabe A 2.2 entnehmen. Beide Salze können als vollständig dissoziiert angenommen werden.

$\boxed{\textbf{H 2.8}}$ Die Verbindung Ethylenglycol liegt im Wasser undissoziiert vor.

$\boxed{\textbf{H 2.9}}$ Wie bereits der Name deutlich macht, wird bei der Reversosmose im Vergleich zur Osmose die Richtung des Lösungsmitteltransports umgekehrt (umgekehrte Osmose). Bei der freiwillig ablaufenden Osmose tritt das Lösungsmittel (hier: Wasser) solange durch eine semipermeable (nur für das Lösungsmittel durchlässige) Membran in die Lösung, bis sich auf der Lösungsseite ein Druck eingestellt hat, der dem osmotischen Druck der Lösung entspricht. Überlegen Sie, was Sie daraus als Bedingung für die Umkehrung des Prozesses (Austreten des Lösungsmittels aus der Lösung) ableiten können!

3 Gas-Wasser-Verteilungsgleichgewichte

3.1 Aufgaben

A 3.1 Berechnen Sie die Löslichkeiten (in mg/L) der Luftbestandteile Sauerstoff, Stickstoff und Kohlendioxid in Wasser, das bei 25 °C mit der Atmosphäre (Luftdruck: 1 bar) im Gleichgewicht steht!

Gegeben sind die HENRY-Konstanten $H(O_2)$ = 1,247 mol m^{-3} bar^{-1}, $H(N_2)$ = 0,646 mol m^{-3} bar^{-1} und $H(CO_2)$ = 33,42 mol m^{-3} bar^{-1} sowie die molaren Massen $M(O_2)$ = 32 g/mol, $M(N_2)$ = 28 g/mol und $M(CO_2)$ = 44 g/mol. Die atmosphärische Luft soll als ideales Gasgemisch (78,1 Vol.-% N_2, 20,9 Vol.-% O_2, 0,035 Vol.-% CO_2) betrachtet werden.

A 3.2 Berechnen Sie die Löslichkeit von Sauerstoff (in mg/L) in Wasser bei einer Temperatur von 10 °C und einem Luftdruck von 1,03 bar! Die Luft enthält 20,9 Vol.-% Sauerstoff. Die HENRY-Konstante beträgt bei 10 °C $H(O_2)$ = 1,674 mol m^{-3} bar^{-1}.

$M(O_2)$ = 32 g/mol

A 3.3 Aufgrund biologischer Abbauprozesse ist die CO_2-Konzentration in der Bodenluft meist deutlich höher als in der Atmosphäre. Berechnen Sie die Gleichgewichtskonzentration an CO_2 (in mg/L) für versickerndes Niederschlagswasser, das bei 10 °C mit Bodenluft im Kontakt steht! Der CO_2-Partialdruck der Bodenluft soll 50 mal höher sein als der Partialdruck in der Atmosphäre. Der CO_2-Gehalt der Atmosphäre (Gesamtdruck: 1 bar) beträgt 0,035 Vol.-%. Die HENRY-Konstante für CO_2 hat den Wert $H(CO_2)$ = 52,47 mol m^{-3} bar^{-1} (10 °C).

$M(CO_2)$ = 44 g/mol

A 3.4 Auf wieviel Prozent des Ausgangswertes sinkt die Sauerstofflöslichkeit in einem Gewässer, das mit der Atmosphäre (20,9 Vol.-% O_2; Luftdruck 1 bar) im

Gleichgewicht steht, wenn sich die Wassertemperatur von 10 °C auf 25 °C erhöht?

$H(O_2)$ bei 10 °C: 1,674 mol m^{-3} bar^{-1}; $H(O_2)$ bei 25 °C: 1,247 mol m^{-3} bar^{-1}

A 3.5 Im HENRYschen Gesetz wird zur Beschreibung der Zusammensetzung der Gasphase üblicherweise die konzentrationsäquivalente Größe Partialdruck verwendet. HENRY-Konstanten haben daher die Einheit mol m^{-3} bar^{-1}. In bestimmten Fällen kann es jedoch auch sinnvoll sein, das Gas-Wasser-Verteilungsgleichgewicht mit einem dimensionslosen Verteilungskoeffizienten K zu beschreiben, der sich aus der Verwendung gleicher Konzentrationsgrößen für beide Phasen ergibt. Berechnen Sie aus den in Aufgabe A 3.1 gegebenen HENRY-Konstanten für Sauerstoff, Stickstoff und Kohlendioxid unter Berücksichtigung der Gaskonstante $R = 0,083145$ bar L mol^{-1} K^{-1} die nach

$$K = \frac{c \text{ (im Wasser)}}{c \text{ (in der Gasphase)}}$$

definierten dimensionslosen Verteilungskoeffizienten K!

A 3.6 In geschlossenen Systemen stellt sich bei flüchtigen Wasserinhaltsstoffen ein Gleichgewicht zwischen der wäßrigen Phase und der darüber stehenden Gasphase ein. Die resultierenden Konzentrationen in beiden Phasen hängen sowohl von der temperaturabhängigen HENRY-Konstante H (bzw. vom Verteilungskoeffizienten K, vgl. A 3.5) als auch vom Verhältnis der Volumina der beiden Phasen ab. Dieser Effekt ist bei experimentellen Untersuchungen mit wäßrigen Lösungen flüchtiger Stoffe stets zu beachten.

Eine 1 L-Flasche enthält 0,5 L einer wäßrigen Lösung von 1,1,1-Trichlorethan mit der ursprünglichen Konzentration von 100 mg/L. Eine zweite 1 L-Flasche enthält 0,2 L der gleichen Lösung. Beide Flaschen werden geschlossen bei 20 °C über längere Zeit aufbewahrt, so daß Gleichgewichtseinstellung angenommen werden kann. Berechnen Sie unter Verwendung der HENRY-Konstante von 1,1,1-Trichlorethan ($H = 0,078$ mol L^{-1} bar^{-1} bei 20 °C) die in den wäßrigen Phasen verbleibenden Konzentrationen!

$R = 0,083145$ bar L mol^{-1} K^{-1}

A 3.7 Die Entfernung überschüssiger, aggressiver Kohlensäure (Entsäuerung) ist ein weit verbreitetes Verfahren in der Trinkwasseraufbereitung.

Ein Rohwasser mit einem CO_2-Gehalt von 1 mmol/L soll durch Strippen (Ausblasen) mit Luft entsäuert werden (mechanische Entsäuerung). Welche Menge an CO_2 kann auf diese Weise maximal entfernt werden? Geben Sie das Ergebnis in mg/L und als prozentualen Anteil der ursprünglich vorhandenen CO_2-Menge an! Die HENRY-Konstante bei der Prozeßtemperatur 10 °C beträgt $H(CO_2)$ = 52,47 mol m^{-3} bar^{-1}, die molare Masse $M(CO_2)$ = 44 g/mol. Der Partialdruck des CO_2 in der Prozeßluft wird mit 0,00035 bar angenommen.

Anmerkung: Das Aufbereitungsziel ist üblicherweise die Einstellung des Kalk-Kohlensäure-Gleichgewichts. Ob die hier zu berechnende theoretische Eliminierungsleistung dafür ausreicht oder - im entgegengesetzten Fall - gar nicht ausgeschöpft werden muß, soll an dieser Stelle nicht betrachtet werden.

$\boxed{\text{A 3.8}}$ Bei oxidativen Wasserreinigungsprozessen kann man anstelle von Luft auch reinen Sauerstoff einsetzen. Wieviel mg Sauerstoff lösen sich in diesem Fall in einem Liter Wasser? Um welchen Faktor erhöht sich die Löslichkeit gegenüber der Verwendung von Luft (20,9 Vol.-% O_2)? Das mit Sauerstoff bzw. Luft versetzte Wasser soll unter Normaldruck (1 bar) stehen und eine Temperatur von 10 °C aufweisen. Die HENRY-Konstante des Sauerstoffs beträgt für 10 °C $H(O_2)$ = 1,674 mol m^{-3} bar^{-1}. Außerdem gilt: $M(O_2)$ = 32 g/mol.

3.2 Hinweise

Allgemeiner Hinweis: Für das HENRYsche Gesetz sind unterschiedliche Schreibweisen gebräuchlich. Aus der Einheit der HENRY-Konstante können Sie Rückschlüsse auf die zu verwendende Form des HENRYschen Gesetzes ziehen.

$\boxed{\text{H 3.1}}$ Überlegen Sie, welche Beziehung zwischen Volumenanteil und Stoffmengenanteil (Molenbruch) bei idealen Gasgemischen besteht!

$\boxed{\text{H 3.4}}$ Sie können die Aufgabe lösen, indem Sie die Gleichgewichtskonzentrationen für beide Temperaturen berechnen. Es gibt aber auch einen einfacheren und schnelleren Weg.

H 3.5 Der Lösungsweg führt über die allgemeine Zustandsgleichung idealer Gase.

H 3.6 Beachten Sie, daß sich in dem geschlossenen System die Stoffmenge bzw. –masse auf beide Phasen verteilt, in der Summe aber konstant bleibt! Zur Berechnung der Stoffverteilung ist die Verwendung gleicher Konzentrationsmaße in beiden Phasen sinnvoll. Verwenden Sie daher den Verteilungskoeffizienten K (vgl. A 3.5) zur Gleichgewichtsberechnung!

H 3.7 Die Grenze für die CO_2-Eliminierung durch Strippen mit Luft ergibt sich aus der Gleichgewichtseinstellung zwischen CO_2-Gehalt der Luft und CO_2-Konzentration des Wassers.

4 Säure-Base-Gleichgewichte

4.1 Aufgaben

A 4.1 Die Autoprotolyse (Eigendissoziation) des Wassers kann mit Hilfe des Ionenprodukts K_W berechnet werden. Wie groß sind die Konzentrationen an Protonen (H^+) und Hydroxidionen (OH^-) bei $pH = 7{,}5$ und $\vartheta = 25\ °C$ ($pK_W = 14$)?

A 4.2 Berechnen Sie den pH-Wert des neutralen Wassers für eine Temperatur von 30 °C! Der pK_W-Wert bei 30 °C beträgt 13,84.

A 4.3 Bei Ionenbilanzen werden die H^+-Ionen und OH^--Ionen häufig vernachlässigt. Ob diese Vernachlässigung zulässig ist, hängt vom pH-Wert und von den Äquivalentkonzentrationen der anderen ionischen Komponenten ab und läßt sich relativ einfach prüfen.

Aus einer Wasseranalyse ergab sich die Summe der Äquivalentkonzentrationen der Kationen (ohne H^+) zu 7,5 mmol/L.

a) Berechnen Sie, bis zu welchem pH-Wert des Wassers die Vernachlässigung der Protonen akzeptabel ist! Als Kriterium soll gelten, daß der Beitrag der Protonen zur Kationenbilanz nicht mehr als 10 % der angegebenen Summe beträgt.

b) Wie ändert sich der Grenz-pH-Wert, wenn die Summe der Kationenäquivalente nur 1 mmol/L beträgt? Es ist wieder ein Fehler von 10 % erlaubt.

A 4.4 Berechnen Sie die pH-Werte 0,01 molarer Lösungen von Salzsäure (sehr starke Säure, $pK_S \cong -6$) und Phenol (schwache Säure, $pK_S = 10$)!

A 4.5 Der pK_S-Wert von 4-Chlorphenol (4-CP) beträgt 9,4. Berechnen Sie die pH-Werte, die sich in Lösungen von 4-CP mit den Ausgangskonzentrationen $\beta_0 = 10$ g/L und $\beta_0 = 1$ g/L einstellen!
$M(4\text{-CP}) = 128{,}5$ g/mol

A 4.6 Für basische Wasserinhaltsstoffe (z. B. Amine) findet man in Tabellenwerken häufig die Konstanten der korrespondierenden Säuren. So wird der K_S-Wert für das protonierte Anilin $C_6H_5NH_3^+$ mit $2{,}63 \cdot 10^{-5}$ mol/L ($pK_S = 4{,}58$) angegeben.

a) Berechnen Sie die Basekonstante K_B und den pK_B-Wert des Anilins $C_6H_5NH_2$, bezogen auf die Reaktion

$$C_6H_5NH_2 + H_2O \rightleftharpoons C_6H_5NH_3^+ + OH^- \; !$$

b) Wie groß ist die Gleichgewichtskonstante, wenn man für die Protonierung die alternative Schreibweise

$$C_6H_5NH_2 + H^+ \rightleftharpoons C_6H_5NH_3^+$$

verwendet?

c) Wie groß ist das Verhältnis von protoniertem zu unprotoniertem Anilin bei $pH = 6$?

Gegeben ist das Ionenprodukt des Wassers $K_W = 1 \cdot 10^{-14}$ mol^2/L^2.

A 4.7 Neben Säuren und Basen können auch gelöste Salze den pH-Wert des Wassers beeinflussen. Voraussetzung dafür ist, daß Kation oder Anion des dissoziierten Salzes mit dem Lösungsmittel Wasser eine Säure-Base-Reaktion unter partieller Rückbildung der zugehörigen Base oder Säure eingehen, wodurch H^+- oder OH^-- Ionen gebildet werden. Berechnen Sie den pH-Wert einer Ammoniumchlorid-Lösung mit der Konzentration $c_0 = 0{,}1$ mol/L!

$pK_S(\text{HCl}) \cong -6; \; pK_S(\text{NH}_4^+) = 9{,}25$

A 4.8 Natriumcarbonatlösungen reagieren aufgrund der Protolyse des Carbonations alkalisch und können daher als Neutralisationsmittel eingesetzt werden. Berechnen Sie den pH-Wert einer Natriumcarbonatlösung mit $c_0 = 1$ mol/L unter der Annahme, daß nur die Reaktion des Carbonats zu Hydrogencarbonat maßgeblich ist!

$pK_S(\text{HCO}_3^-) = 10{,}3; \; pK_W = 14$

A 4.9 Berechnen Sie den pH-Wert des natürlichen Regenwassers unter der Annahme, daß der pH-Wert durch die Protolyse des gelösten CO_2 bestimmt wird! Folgende Daten sind bekannt: Volumenanteil des CO_2 in der Atmosphäre: 0,035

Vol.-%; Luftdruck: 1 bar; HENRY-Konstante $H(CO_2) = 33{,}42$ mol m^{-3} bar^{-1}; $pK_S\,(CO_{2(aq)}) = 6{,}3$.

A 4.10 Wäßrige Lösungen von Eisen(III)-salzen zeigen eine saure Reaktion, weil das Hexaquoeisen(III)-Ion der Protolyse unterliegt. Berechnen Sie den pH-Wert einer Lösung von Eisen(III)-chlorid mit der Ausgangskonzentration $c_0 = 0{,}05$ mol/L! Der pK_S-Wert des Hexaquoeisen(III)-Ions beträgt 2,2. Berücksichtigt wird hier nur die erste Protolysestufe.

A 4.11 Der Wasserchemiker steht häufig vor der Aufgabe, beurteilen zu müssen, in welchem Konzentrationsverhältnis die Komponenten eines korrespondierenden Säure-Base-Paares (im Sinne der BRÖNSTEDschen Definition) bei einem gegebenen pH-Wert im Wasser vorliegen. Aus dem Zusammenhang zwischen pH, pK_S und Protolysegrad α lassen sich einige allgemeingültige Beziehungen ableiten, die für eine erste Abschätzung der Gleichgewichtslage außerordentlich nützlich sind.
Berechnen Sie den Protolysegrad einer beliebigen einprotonigen Säure HA für folgende Bedingungen:
a) pH $= pK_S$ b) pH $= pK_S - 2$ c) pH $= pK_S + 2$!

A 4.12 Das pH-abhängige Gleichgewicht NH_4^+/NH_3 hat für natürliche Gewässer eine große Bedeutung, u.a. deshalb, weil NH_3 wesentlich fischtoxischer ist als NH_4^+. Berechnen Sie das Verhältnis $c(NH_3)/c(NH_4^+)$ für die pH-Werte 7,5 und 8! Für 25 °C gilt: $pK_S(NH_4^+) = 9{,}25$.

A 4.13 Berechnen Sie die Anteile von $CO_{2(aq)}$, HCO_3^- und CO_3^{2-} am Gesamtgehalt des gelösten anorganischen Kohlenstoffs c(DIC) für ein Wasser mit dem pH-Wert 7!
Die pK_S-Werte für 25 °C betragen $pK_{S1} = pK_S\,(CO_{2(aq)}) = 6{,}3$ und $pK_{S2} = pK_S(HCO_3^-) = 10{,}3$.

A 4.14 In einem Oberflächenwasser mit pH $= 7$ beträgt die Phosphatgesamtkonzentration $c(PO_4) = 0{,}01$ mmol/L. Berechnen Sie die Speziesverteilung für die Phosphorsäure und ihre Dissoziationsprodukte!
a) Berücksichtigen Sie nur die dominierenden Spezies!

b) Berechnen Sie die vollständige Konzentrationsverteilung!

Gegeben sind die pK_S-Werte: $pK_{S1} = 2$; $pK_{S2} = 7{,}1$; $pK_{S3} = 12{,}3$.

A 4.15 Titriert man eine Wasserprobe mit Salzsäure bis zum definierten Endpunkt $pH = 4{,}3$, so erhält man einen Wert für den Säureverbrauch, der als Säurekapazität bis $pH = 4{,}3$ ($K_{S4,3}$, angegeben in mmol/L) bezeichnet wird. Bei Ausgangs-pH-Werten im Bereich $4{,}3 < pH < 8{,}2$ wird dieser Wert häufig der Hydrogencarbonationenkonzentration gleichgesetzt.

a) Auf welcher Reaktion beruht diese Gleichsetzung?

b) Welche Annahmen macht man dabei? Begründen Sie die Zulässigkeit dieser Annahmen mit Hilfe der Säurekonstanten der „Kohlensäure" ($pK_{S1} = 6{,}3$ und $pK_{S2} = 10{,}3$) und des Ionenprodukts des Wassers ($pK_W = 14$)! Beachten Sie dabei, daß die HCO_3^--Konzentrationen in natürlichen Wässern meist im mmol/L-Bereich liegen!

c) Auch wenn die unter b) begründeten Annahmen akzeptabel sind, macht man dennnoch einen Fehler, da ein Teil der Säure allein zur Absenkung des pH-Wertes auf 4,3 benötigt wird. Wie groß ist diese Konzentration bei einem Ausgangs-pH-Wert von 7 und wie müßte demzufolge der Zusammenhang zwischen $K_{S\,4,3}$ und $c(HCO_3^-)$ exakter lauten?

Beschränken Sie Ihre Überlegungen auf das Kohlensäure-Wasser-System! Der mögliche, aber häufig vernachlässigbare Einfluß anderer Säure-Base-Reaktionen soll hier nicht betrachtet werden.

A 4.16 Puffersysteme aus korrespondierenden Säure-Base-Paaren spielen wegen ihrer Fähigkeit, den pH-Wert weitgehend konstant zu halten, sowohl in der Natur als auch in der wasserchemischen Laborpraxis eine große Rolle. Es soll das Puffersystem $H_2PO_4^-/HPO_4^{2-}$ mit den Konzentrationen $c(H_2PO_4^-) = 0{,}1$ mol/L und $c(HPO_4^{2-}) = 0{,}1$ mol/L betrachtet werden. Der pK_S-Wert für $H_2PO_4^-$ beträgt 7,12.

a) Berechnen Sie den pH-Wert der Pufferlösung!

b) Wird sich der pH-Wert ändern, wenn Sie die ursprüngliche Pufferlösung um den Faktor 5 verdünnen?

c) Wie ändert sich der pH-Wert bei Zugabe von 0,01 mol HCl pro L Lösung?

d) Welchen pH-Wert hätte die 0,01 molare HCl-Lösung ($pK_S \cong -6$) ohne das Puffersystem?

$\boxed{\text{A 4.17}}$ Der pH-Wert eines calciumcarbonatgesättigten Oberflächenwassers sei durch das Kalk-Kohlensäure-Gleichgewicht entsprechend der Reaktion

$$CaCO_{3(s)} + CO_{2(g)} + H_2O \rightleftharpoons Ca^{2+} + 2\,HCO_3^-$$

bestimmt. Weiterhin wird angenommen, daß das Wasser bei 25 °C im Gleichgewicht mit dem CO_2 der Atmosphäre steht (Partialdruck: $p = 0{,}00035$ bar) und daß Ca^{2+} und HCO_3^- im stöchiometrischen Verhältnis entsprechend der Reaktionsgleichung vorliegen. Welcher pH-Wert stellt sich ein? Gegeben sind die folgenden Gleichgewichtskonstanten:

$H(CO_2) = 33{,}42$ mol m^{-3} bar^{-1}; $pK_S(CO_2) = 6{,}3$; $pK_S(HCO_3^-) = 10{,}3$; $pK_L(CaCO_3)$ $= 8{,}48$.

$\boxed{\text{A 4.18}}$ Bei einigen pH-Wert-Berechnungen ist eine Vernachlässigung der Autoprotolyse des Wassers nicht zulässig. Dies trifft vor allem auf schwache Säuren und Basen in niedrigen Konzentrationen zu. Berechnen Sie den pH-Wert einer Phenollösung mit der Konzentration $c_0 = 0{,}01$ mmol/L a) ohne und b) mit Berücksichtigung der Autoprotolyse des Wassers!

Der pK_S-Wert für Phenol beträgt $pK_S = 10$, für das Ionenprodukt des Wassers gilt $pK_W = 14$. Bewerten Sie das für a) erhaltene Ergebnis!

4.2   Hinweise

Allgemeiner Hinweis: Bei der Berechnung des pH-Wertes, der sich bei der Auflösung einer Säure HA oder einer Base B einstellt, können die aus der Autoprotolyse des Wassers stammenden Hydroxidionen bzw. Protonen meist vernachlässigt werden. Damit vereinfachen sich die Ladungsbilanzen gemäß:

$$c(H^+) = c(A^-) + c(OH^-) \approx c(A^-)$$

$$c(OH^-) = c(BH^+) + c(H^+) \approx c(BH^+)\,.$$

Von dieser Vereinfachung kann bei der Lösung der entsprechenden Aufgaben dieses Kapitels Gebrauch gemacht werden. Einzige Ausnahme bildet die Aufgabe 4.18. Im übrigen kann man die Zulässigkeit der Vereinfachung im nachhinein durch Einsetzen der Ergebnisse in die exakte Ladungsbilanz prüfen.

H 4.3 Das Kriterium für die Vernachlässigung (10 %) ist hier willkürlich festgelegt.

H 4.4 Berücksichtigen Sie die möglichen Vereinfachungen für sehr starke bzw. sehr schwache bis mittelstarke Säuren (vollständige Dissoziation bzw. nur geringe Dissoziation)!

H 4.5 Der pK_S-Wert von 9,4 zeigt, daß es sich hier um eine schwache Säure handelt, die nur in geringem Maße in Ionen zerfällt. Damit ist eine vereinfachte Berechnung des pH-Wertes möglich.

H 4.7 Überlegen Sie zunächst, welche der beiden denkbaren Reaktionen

$$Cl^- + H_2O \rightarrow HCl + OH^- \qquad\qquad NH_4^+ + H_2O \rightarrow NH_3 + H_3O^+$$

tatsächlich abläuft! Beachten Sie dabei die pK_S-Werte!

H 4.8 Zur Lösung der Aufgabe ist es zweckmäßig, die Gleichgewichtskonzentrationen des Carbonats und des Hydrogencarbonats als Anteile α an der ursprünglich vorhandenen Gesamtkonzentration c_T auszudrücken: $c(HCO_3^-) = \alpha\, c_T$; $c(CO_3^{2-}) = (1-\alpha)\, c_T$.

H 4.9 Berechnen Sie zunächst die Konzentration des CO_2 im Regenwasser! Für die Protolyse gilt, daß pro Proton ein HCO_3^--Ion entsteht. Im Gleichgewicht gilt daher $c(H^+) = c(HCO_3^-)$. Die zweite Protolysestufe ist hier zu vernachlässigen. Die CO_2-Konzentration im Regenwasser kann als konstant angenommen werden (offenes System mit konstantem CO_2-Partialdruck).

H 4.11 Der Protolysegrad (Dissoziationsgrad) α einer Säure ist definiert als das Verhältnis der Gleichgewichtskonzentration des durch Dissoziation gebildeten Anions zur Ausgangskonzentration der Säure. Letztere entspricht – wegen der Stofferhaltung – der Summe der Gleichgewichtskonzentrationen von gebildetem Anion und undissoziiert gebliebener Säure. Damit läßt sich eine direkte Beziehung zum Massenwirkungsgesetz bzw. zur Säurekonstante herstellen.

H 4.13 Stellen Sie zunächst eine Kohlenstoffbilanz auf und substituieren Sie unbekannte Größen mit Hilfe der Gleichgewichtsbeziehungen! Beachten Sie dabei, daß nach den Anteilen

$$f(CO_2) = \frac{c(CO_2)}{c(DIC)}; \quad f(HCO_3^-) = \frac{c(HCO_3^-)}{c(DIC)}; \quad f(CO_3^{2-}) = \frac{c(CO_3^{2-})}{c(DIC)}$$

gefragt wird! Absolute Konzentrationen können mit den gegebenen Daten nicht berechnet werden.

H 4.14 Es gilt der Hinweis H 4.13 sinngemäß. Da hier aber die Gesamtkonzentration bekannt ist, können die absoluten Konzentrationen für alle Spezies berechnet werden. Aus dem Vergleich des pH-Wertes und der pK_S-Werte kann man ableiten, welches die dominierenden Spezies sind. Bei der vereinfachten Berechnung werden nur diese in der Bilanzgleichung berücksichtigt.

H 4.15 b) Überlegen Sie, welche Reaktionen prinzipiell auch zu einem Säureverbrauch führen können und prüfen Sie, ob diese Beiträge unter den gegebenen Bedingungen relevant sind!

H 4.16 a) Eine Gleichung zur Berechnung des pH-Wertes des Puffersystems können Sie aus dem Massenwirkungsgesetz für die Dissoziation der Puffersäure ableiten.
b) Überlegen Sie, welche Reaktion im Puffersystem nach Zugabe der Säure (bzw. der Protonen) abläuft und welche Konzentrationsänderungen hieraus für die Komponenten des Puffersystems resultieren! Ändern Sie die unter a) verwendete Gleichung dementsprechend ab!

H 4.17 Es ist günstig, zunächst aus den Konstanten der Teilreaktionen die Gleichgewichtskonstante für die angegebene Bruttoreaktion zu ermitteln. Da das Verhältnis von Ca^{2+} zu HCO_3^- bekannt ist, läßt sich damit eine der Konzentrationen berechnen. Die weiteren Konzentrationen, einschließlich der gesuchten Protonenkonzentration, können dann sukzessive über die Teilgleichgewichte berechnet werden.

H 4.18 Beachten Sie den allgemeinen Hinweis am Anfang dieses Abschnitts! Es ist hier zweckmäßig, von der Ladungsbilanz auszugehen und unbekannte Größen mit Hilfe von Gleichgewichtsbeziehungen zu ersetzen.

5 Auflösung und Fällung

5.1 Aufgaben

$\boxed{\text{A 5.1}}$ Berechnen Sie die Löslichkeit von $BaSO_4$ (M = 233,4 g/mol) in mmol/L und in mg/L unter der Annahme, daß Bariumsulfat vollständig in Ionen zerfällt und keine Nebenreaktionen auftreten! Der Löslichkeitsexponent für $BaSO_4$ beträgt bei 25 °C pK_L = 9,96.

$\boxed{\text{A 5.2}}$ Der Löslichkeitsexponent für Calciumfluorid CaF_2 beträgt pK_L = 10,4. Wie groß ist die molare Löslichkeit von CaF_2? Berechnen Sie die molaren Konzentrationen von Ca^{2+} und F^- in der gesättigten Lösung!

$\boxed{\text{A 5.3}}$ Eine wäßrige Lösung enthält 0,5 mmol/L Ca^{2+} und $8 \cdot 10^{-3}$ mmol/L CO_3^{2-}. Wie ist der Sättigungszustand bezüglich $CaCO_3$? Der Löslichkeitsexponent beträgt $pK_L(CaCO_3)$ = 8,48.

$\boxed{\text{A 5.4}}$ Die Konzentration an Cd^{2+} in einem Wasser sei bestimmt durch die Löslichkeit von $Cd(OH)_2$. Ab welchem pH-Wert unterschreitet die Konzentration von Cd^{2+} den Wert $4 \cdot 10^{-5}$ mol/L? Das Löslichkeitsprodukt des Cadmiumhydroxids beträgt K_L = $1,58 \cdot 10^{-14}$ mol³/L³.

$\boxed{\text{A 5.5}}$ Cadmiumionen bilden sowohl mit Hydroxidionen als auch mit Carbonationen schwerlösliche Verbindungen. Prüfen Sie, ob aus einem Wasser, das $1 \cdot 10^{-8}$ mol/L Cd^{2+} und $1 \cdot 10^{-5}$ mol/L CO_3^{2-} enthält, bei pH = 8 Cadmiumhydroxid oder Cadmiumcarbonat ausfällt! Die pK_L-Werte betragen: $pK_L(CdCO_3)$ = 13,7 und $pK_L(Cd(OH)_2)$ = 13,8. Für das Ionenprodukt des Wassers gilt: pK_W = 14.

$\boxed{\text{A 5.6}}$ Bei der Auflösung von Calciumcarbonat müssen neben dem Löslichkeitsprodukt zusätzliche Protolysegleichgewichte berücksichtigt werden, da CO_3^{2-} als Anion der schwachen „Kohlensäure" ($CO_{2(aq)}$) im Wasser teilweise zu HCO_3^-

bzw. $CO_2 + H_2O$ umgewandelt wird. Folgende Gleichgewichte sind zu berücksichtigen:

$$CO_2 + H_2O \rightleftharpoons H^+ + HCO_3^- \qquad K_{S1}$$

$$HCO_3^- \rightleftharpoons H^+ + CO_3^{2-} \qquad K_{S2}$$

Die Löslichkeit hängt somit auch vom pH-Wert ab.

a) Berechnen Sie für $pH = 8{,}5$ die molare Gleichgewichtskonzentration der Calciumionen bei der Auflösung von $CaCO_3$ in Wasser! Zur Vereinfachung sei angenommen, daß die Bildung von CO_2 vernachlässigt werden kann ($pH \gg pK_{S1}$). Die Gleichgewichtskonstanten betragen:

$$K_L = 3{,}3 \cdot 10^{-9} \ mol^2/L^2 \ (pK_L = \ 8{,}48)$$
$$K_{S2} = 5 \cdot 10^{-11} \ mol/L \ (pK_{S2} = 10{,}3).$$

b) Berechnen Sie die molare Gleichgewichtskonzentration der Calciumionen unter der Annahme, daß keine Protolysereaktion stattfindet! Für welchen pH-Bereich ist dies eine gute Näherung?

$\boxed{\text{A 5.7}}$ Ein aufbereitetes Trinkwasser sollte sich im Zustand der Calcitsättigung (Calcit = Calciumcarbonat) befinden. Die Prüfung auf Einstellung des Calcitsättigungsgleichgewichts erfolgt durch Vergleich des aktuellen Zustandes mit dem aus den Analysendaten berechneten Gleichgewichtszustand. Als Kriterium kann der Sättigungsindex S_I, definiert nach

$$S_I = pH_{gemessen} - pH_{berechnet},$$

verwendet werden. Berechnen Sie den Sättigungsindex S_I für ein Wasser, für welches folgende Daten ermittelt wurden:

$c(Ca^{2+}) = 3{,}5$ mmol/L; $c(HCO_3^-) = 5{,}3$ mmol/L, $pH = 6{,}8$; Ionenstärke $I = 15$ mmol/L; $\vartheta = 10 \ °C$!

Geben Sie an, ob sich dieses Wasser im Zustand der Calcitsättigung befindet oder ob es calcitlösend bzw. calcitabscheidend ist!

Die konditionellen Gleichgewichtskonstanten für diese Ionenstärke und Temperatur betragen: $pK_L(CaCO_3) = 7{,}99$; $pK_S(HCO_3^-) = pK_{S2} = 10{,}33$.

$\boxed{\text{A 5.8}}$ In einem Wasser liegen unter reduzierenden Bedingungen $1 \cdot 10^{-5}$ mol/L sulfidischer Schwefel (Gesamtkonzentration) und $2 \cdot 10^{-5}$ mol/L Fe^{2+} vor. Ist zu erwarten, daß aus diesem Wasser bei $pH = 7$ Eisensulfid FeS ($pK_L = 18{,}1$) ausfällt? Zu berücksichtigen sind die Protolysereaktionen im System $H_2S/HS^-/S^{2-}$ mit den Säurekonstanten $pK_{S1} = 7$ und $pK_{S2} = 14$.

$\boxed{\text{A 5.9}}$ Calciumhydroxid wird in der Praxis häufig als Fällungs- und Neutralisationsmittel eingesetzt. Wie groß ist der pH-Wert einer gesättigten $Ca(OH)_2$-Lösung? Das Löslichkeitsprodukt des Calciumhydroxids beträgt $K_L = 5,5 \cdot 10^{-6}$ mol^3/L^3, das Ionenprodukt des Wassers $K_W = 1 \cdot 10^{-14}\,mol^2/L^2$.

$\boxed{\text{A 5.10}}$ Die Löslichkeit von Sulfiden ist aufgrund der Kopplung mit den Protolysegleichgewichten des Schwefelwasserstoffs H_2S pH-abhängig. Wie groß ist die Löslichkeit von Mangansulfid MnS bei den pH-Werten 6 und 8? Gegeben sind das Löslichkeitsprodukt von MnS

$$K_L = c(Mn^{2+})\,c(S^{2-}) = 1 \cdot 10^{-15}\ mol^2/L^2$$

sowie die Säurekonstanten für das System $H_2S/HS^-/S^{2-}$

$$K_{S1} = \frac{c(H^+)\,c(HS^-)}{c(H_2S)} = 1 \cdot 10^{-7}\ mol/L \qquad \text{und}$$

$$K_{S2} = \frac{c(H^+)\,c(S^{2-})}{c(HS^-)} = 1 \cdot 10^{-14}\ mol/L.$$

$\boxed{\text{A 5.11}}$ Bei der Entcarbonisierung von Trinkwasser mit $Ca(OH)_2$ wird die Carbonathärte entsprechend der Reaktion

$$Ca^{2+} + 2\,HCO_3^{2-} + Ca^{2+} + 2\,OH^- \rightleftharpoons 2\,CaCO_3\!\downarrow + 2\,H_2O$$

herabgesetzt. Bei höheren Konzentrationen an Mg^{2+} und starker Alkalisierung des Wassers durch $Ca(OH)_2$ können dabei Probleme durch die Bildung des voluminösen und schwer absetzbaren $Mg(OH)_2$ auftreten. Berechnen Sie, ab welchem pH-Wert Magnesiumhydroxid aus einem Wasser mit einer Mg^{2+}-Konzentration von $\beta = 20$ mg/L ausfällt! Das Löslichkeitsprodukt von $Mg(OH)_2$ beträgt $K_L = 1 \cdot 10^{-11}$ mol^3/L^3. $M(Mg) = 24,3$ g/mol; $pK_W = 14$

$\boxed{\text{A 5.12}}$ Die Entfernung von Schwermetallionen aus Abwässern kann durch Hydroxidfällung erfolgen. Wie weit man dazu im konkreten Fall den pH-Wert des Wassers anheben muß, hängt vom Löslichkeitsprodukt des Hydroxids und vom einzuhaltenden Grenzwert ab. Mögliche Einflüsse anderer Wasserinhaltsstoffe sollen hier nicht berücksichtigt werden. Berechnen Sie die pH-Werte, die über-schritten werden müssen, um

a) Ni^{2+} und   b) Cu^{2+}

als Hydroxide auszufällen! In beiden Fällen soll die verbleibende Metallionenkonzentration nicht höher als 0,5 mg/L sein. Für die Hydroxide sind folgende pK_L-Werte bekannt: $pK_L(Ni(OH)_2) = 13,8$; $pK_L(Cu(OH)_2) = 19,3$. Gegeben sind weiterhin die molaren Massen von Nickel und Kupfer sowie das Ionenprodukt des Wassers: $M(Ni) = 58,7$ g/mol; $M(Cu) = 63,5$ g/mol; $K_W = 1\cdot10^{-14}$ mol^2/L^2.

$\boxed{\text{A 5.13}}$ In einigen Fällen gehen beim Auflösen von Salzen sowohl das Kation als auch das Anion Nebenreaktionen ein, die bei der Berechnung der Löslichkeit aus dem Löslichkeitsprodukt zu berücksichtigen sind. Berechnen Sie die molare Löslichkeit von Eisen(III)-phosphat bei pH = 6! Das Löslichkeitsprodukt beträgt $K_L = 1\cdot10^{-26}$ mol^2/L^2. Die Säurekonstanten der Phosphorsäure sind:

$K_{S1} = 1\cdot10^{-2}$ mol/L, $K_{S2} = 7,9\cdot10^{-8}$ mol/L, $K_{S3} = 5\cdot10^{-13}$ mol/L.

Das Eisen(III)-ion bildet Hydroxokomplexe, wobei die Komplexbildungsreaktionen auch als Protolysereaktionen formuliert werden können:

$$Fe^{3+} + H_2O \rightleftharpoons FeOH^{2+} + H^+ \qquad\qquad K_{S1}^* = 6,3\cdot10^{-3} \text{ mol/L}$$

$$FeOH^{2+} + H_2O \rightleftharpoons Fe(OH)_2^+ + H^+ \qquad\qquad K_{S2}^* = 3,4\cdot10^{-4} \text{ mol/L}.$$

Die Bildung des Komplexes $Fe(OH)_4^-$ erfolgt erst im alkalischen Bereich, so daß dieser hier zu vernachlässigen ist. Bevor Sie die Aufgabe lösen, sollten Sie überlegen, welche weiteren Vereinfachungen möglich sind.

5.2   Hinweise

$\boxed{\text{H 5.2}}$ Bei der Berechnung der Sättigungskonzentrationen der Ionen ist die Stöchiometrie des Auflösungsprozesses bzw. die stöchiometrische Zusammensetzung des Calciumfluorids zu beachten.

$\boxed{\text{H 5.3}}$ Es ist zu prüfen, ob das Produkt der aktuellen Konzentrationen dem Löslichkeitsprodukt entspricht oder dieses unter- bzw. überschreitet.

$\boxed{\text{H 5.5}}$ Es gilt der Hinweis H 5.3.

$\boxed{\text{H 5.6}}$ Beachten Sie, daß bei der Auflösung von $CaCO_3$ Calcium- und Carbonationen im molaren Verhältnis 1 : 1 entstehen und ein Teil des Carbonats dann in Hydrogencarbonat umgewandelt wird! In die Sättigungskonzentration geht somit die Summe der Carbonationen- und Hydrogencarbonationenkonzentration ein.

$\boxed{\text{H 5.7}}$ Aus den Analysendaten und den Gleichgewichtskonstanten für das Löslichkeitsprodukt und die zweite Protolysestufe der Kohlensäure kann der Gleichgewichts-pH-Wert berechnet werden. Zur Vereinfachung der Rechnung sind hier bereits die für die Bewertungstemperatur und die vorliegende Ionenstärke gültigen Konstanten angegeben. Für die Bewertung des Wassers auf der Basis des Sättigungsindex S_I gilt:

$S_I < 0 \Rightarrow$ das Wasser ist bezüglich Calcit ungesättigt (calcitlösend)

$S_I = 0 \Rightarrow$ das Wasser ist im Zustand der Calcitsättigung (Gleichgewicht)

$S_I > 0 \Rightarrow$ das Wasser ist bezüglich Calcit übersättigt (calcitabscheidend).

$\boxed{\text{H 5.8}}$ Da für die Bewertung des Sättigungszustandes (vgl. H 5.3) nur die Sulfidionen ausschlaggebend sind, muß deren Konzentration zunächst aus den Protolysegleichgewichten berechnet werden. Dies erfolgt zweckmäßigerweise über die Verknüpfung der Schwefelbilanz mit den Gleichgewichtsbeziehungen.

$\boxed{\text{H 5.10}}$ Das beim Auflösen des Mangansulfids gebildete S^{2-} unterliegt teilweise der Protonierung zu HS^- bzw. H_2S, wobei das Ausmaß der Protonierung vom pH-Wert abhängt. Die auf das Anion bezogene Sättigungskonzentration umfaßt im allgemeinsten Fall also die Summe der drei Spezies im Gleichgewicht.

$\boxed{\text{H 5.11}}$ Ausfällung erfolgt bei Überschreiten des Löslichkeitsproduktes. Die Gleichgewichtskonzentration an OH^- bestimmt daher die untere Grenze des Fällungsbereiches.

$\boxed{\text{H 5.12}}$ Es gilt der Hinweis H 5.11.

H 5.13 Die Hinweise unter H 5.6 und H 5.10 zur Berücksichtigung der Nebenreaktionen der primär gebildeten Anionen gelten hier sinngemäß sowohl für das Anion PO_4^{3-} als auch für das Kation Fe^{3+}. Sie müssen also die Sättigungskonzentration zum einen als Summe der Konzentrationen aller Eisenspezies und zum anderen als Summe der Konzentrationen aller Phosphatspezies ausdrücken und dann die Beziehung zum Löslichkeitsprodukt herstellen. Welche Spezies dabei vernachlässigbar sind, läßt sich aus dem Vergleich des pH-Wertes mit den pK_S-Werten der einzelnen Reaktionen ableiten.

6 Komplexgleichgewichte

6.1 Aufgaben

A 6.1 Die individuellen Komplexstabilitätskonstanten für $CuCO_3^0$ und $Cu(CO_3)_2^{2-}$ betragen $K_1 = 5{,}37 \cdot 10^6$ L/mol und $K_2 = 1{,}26 \cdot 10^3$ L/mol. Berechnen Sie die Bruttostabilitätskonstante β_2 und die Bruttodissoziationskonstante β_{diss} für den Carbonato-Komplex $Cu(CO_3)_2^{2-}$!

A 6.2 Bei der Verwendung von Gleichgewichtskonstanten für die Hydroxokomplexbildung ist unbedingt die zugrundeliegende Reaktionsgleichung zu beachten, da hier unterschiedliche Schreibweisen gebräuchlich sind.

Gegeben ist die Gleichgewichtskonstante $K = 6 \cdot 10^{-42}$ mol^4/L^4 für die Reaktion

$$Zn^{2+} + 4\,H_2O \rightleftharpoons Zn(OH)_4^{2-} + 4\,H^+ \, .$$

Berechnen Sie daraus die Bruttostabilitätskonstante β_4 für die Komplexbildung entsprechend der Gleichung

$$Zn^{2+} + 4\,OH^- \rightleftharpoons Zn(OH)_4^{2-} \, !$$

Ionenprodukt des Wassers: $K_W = 1 \cdot 10^{-14}$ mol^2/L^2.

A 6.3 Für die Reaktion $Cu^{2+} + 4\,H_2O \rightleftharpoons Cu(OH)_4^{2-} + 4\,H^+$

findet man in der Literatur die Gleichgewichtskonstante $K = 2{,}5 \cdot 10^{-40}$ mol^4/L^4.
Wie groß sind die Komplexdissoziationskonstante β_{diss} und die Bruttostabilitätskonstante β_4 des Komplexes $Cu(OH)_4^{2-}$? Gegeben ist das Ionenprodukt des Wassers $K_W = 1 \cdot 10^{-14}$ mol^2/L^2.

A 6.4 Berechnen Sie die molaren Konzentrationen von $Al(OH)_4^-$ und Al^{3+} in einem Wasser, das bei $pH = 8$ mit festem $Al(OH)_3$ im Gleichgewicht steht! Bekannt sind folgende Gleichgewichtskonstanten:

$$K_L = c(Al^{3+})\,c^3(OH^-) = 1 \cdot 10^{-34} \text{ mol}^4/\text{L}^4$$

$$K_W = c(\text{H}^+)\, c(\text{OH}^-) = 1\cdot 10^{-14}\ \text{mol}^2/\text{L}^2$$

$$\beta_4 = \frac{c(\text{Al(OH)}_4^-)}{c(\text{Al}^{3+})\, c^4(\text{OH}^-)} = 6\cdot 10^{33}\ \text{L}^4/\text{mol}^4 \,.$$

A 6.5 Berechnen Sie den theoretischen Anteil der freien Cadmiumionen am Cadmium-Gesamtgehalt eines Wassers, das im Gleichgewichtszustand bei pH = 8 eine Carbonationenkonzentration von $1\cdot 10^{-5}$ mol/L CO_3^{2-} aufweist!

Vereinfachend wird angenommen, daß nur die Bildung der Komplexe CdCO_3^0, CdOH^+ und Cd(OH)_2^0 von Bedeutung ist. Gegeben sind das Ionenprodukt des Wassers $K_W = 1\cdot 10^{-14}$ mol/L und die Komplexstabilitätskonstanten:

$$\text{Cd}^{2+} + \text{CO}_3^{2-} \rightleftharpoons \text{CdCO}_3^0 \qquad\qquad \beta(\text{CdCO}_3^0) = 2,5\cdot 10^5\ \text{L/mol}$$

$$\text{Cd}^{2+} + \text{OH}^- \rightleftharpoons \text{CdOH}^+ \qquad\qquad \beta(\text{CdOH}^+) = 8,3\cdot 10^3\ \text{L/mol}$$

$$\text{Cd}^{2+} + 2\ \text{OH}^- \rightleftharpoons \text{Cd(OH)}_2^0 \qquad\qquad \beta(\text{Cd(OH)}_2^0) = 4,5\cdot 10^7\ \text{L}^2/\text{mol}^2 .$$

A 6.6 Berechnen Sie mit den Angaben aus A 6.5 die vollständige Speziesverteilung in %!

A 6.7 EDTA (Ethylendiamintetraessigsäure) und NTA (Nitrilotriessigsäure) sind synthetische Komplexbildner, die häufig auch in Abwässern auftreten. Wegen ihrer Fähigkeit, mit Metallionen relativ stabile Chelatkomplexe zu bilden, haben sie einen erheblichen Einfluß auf die Remobilisierung von Schwermetallen aus Klärschlämmen und Gewässersedimenten. Potentieller Partner für die Komplexbildung sind jedoch auch die in deutlich höheren Konzentrationen im Gewässer vorkommenden Calciumionen. Diese sind trotz geringerer Stabilitätskonstanten aufgrund ihres Überschusses als Konkurrenten der Schwermetalle zu berücksichtigen. Die folgende Aufgabe betrachtet in stark vereinfachter Weise dieses Konkurrenzverhalten am Beispiel der Komplexe CdNTA^- und CaNTA^-. Das vollständig deprotonierte Anion NTA^{3-} ist hierbei der wirksame Ligand, der entsprechend der Protolysegleichgewichte im Wasser in Abhängigkeit vom pH-Wert einer Protonierung unterliegt, die bei der Berechnung des Gleichgewichts zu berücksichtigen ist.

Berechnen Sie die Konzentrationen an Ca^{2+}, Cd^{2+}, $CaNTA^-$ und $CdNTA^-$ sowie die jeweiligen Verhältnisse von freien zu komplex gebundenen Ionen unter folgenden Bedingungen:

NTA-Gesamtkonzentration: $c(NTA) = 1 \cdot 10^{-7}$ mol/L

Ca-Gesamtkonzentration: $c(Ca) = 1 \cdot 10^{-3}$ mol/L

Cd-Gesamtkonzentration: $c(Cd) = 1 \cdot 10^{-9}$ mol/L

$pH = 8$!

Zur Vereinfachung sollen folgende Annahmen gemacht werden:

a) Der Beitrag von $c(CdNTA^-)$ zur Gesamtkonzentration $c(NTA)$ ist vernachlässigbar.

b) Entsprechend den Säurekonstanten der Nitrilotriessigsäure können bei $pH = 8$ die Konzentrationen an H_3NTA und H_2NTA^- vernachlässigt werden. Zu berücksichtigen sind lediglich $HNTA^{2-}$ und NTA^{3-}.

c) Für die Calciumbilanz gilt $c(Ca) \approx c(Ca^{2+})$.

Versuchen Sie, die Annahmen a) und c) anhand der Analysendaten zu begründen!

Für die Berechnung stehen folgende Gleichgewichtsdaten zur Verfügung:

$$Ca^{2+} + NTA^{3-} \rightleftharpoons CaNTA^- \qquad K(CaNTA^-) = 4 \cdot 10^7 \text{ L/mol}$$

$$Cd^{2+} + NTA^{3-} \rightleftharpoons CdNTA^- \qquad K(CdNTA^-) = 1 \cdot 10^{10} \text{ L/mol}$$

$$HNTA^{2-} \rightleftharpoons H^+ + NTA^{3-} \qquad K_S = 5 \cdot 10^{-11} \text{ mol/L}.$$

A 6.8 Vereinfachend soll angenommen werden, daß sich die in einem Wasser gemessene Kupfergesamtkonzentration $c(Cu) = 1 \cdot 10^{-7}$ mol/L bei $pH = 6$ auf die beiden Spezies Cu^{2+} und $CuCO_3^0$ verteilt. Wie groß sind die Spezieskonzentrationen $c(Cu^{2+})$ und $c(CuCO_3^0)$, wenn der Gesamtgehalt an gelöstem anorganischen Kohlenstoff $c(DIC) = 1 \cdot 10^{-3}$ mol/L beträgt? Gegeben sind die Säurekonstanten der „Kohlensäure"

$pK_{S1} = pK_S(CO_{2(aq)}) = 6{,}3$ und $pK_{S2} = pK_S(HCO_3^-) = 10{,}3$

sowie die Komplexbildungskonstante $K = 10^{6{,}73}$ L/mol für die Reaktion

$$Cu^{2+} + CO_3^{2-} \rightleftharpoons CuCO_3^0 .$$

A 6.9 Für die in der Abwasserreinigung übliche Ausfällung von Schwermetallen als Hydroxide gilt zunächst wegen der Konstanz des Löslichkeitsproduktes, daß mit steigender Konzentration der OH^--Ionen (d. h., mit steigendem pH-Wert) die in Lösung verbleibende Metallionenkonzentration abnimmt. Allerdings kann die Löslichkeit bei höheren pH-Werten wieder ansteigen, wenn lösliche Hydroxokomplexe gebildet werden. Berechnen Sie den für die Zinkhydroxidfällung mit NaOH theoretisch nutzbaren pH-Bereich, wenn die Zinkkonzentration im Wasser den Wert 2 mg/L nicht überschreiten soll!

Das Löslichkeitsprodukt des Hydroxids $Zn(OH)_2$ beträgt $K_L = 1 \cdot 10^{-17}$ mol^3/L^3, die Komplexdissoziationskonstante des bei höheren pH-Werten gebildeten $Zn(OH)_4^{2-}$ wird mit $\beta_{diss} = 4 \cdot 10^{-16}$ mol^4/L^4 angegeben. Gegeben sind weiterhin das Ionenprodukt des Wassers $K_W = 1 \cdot 10^{-14}$ mol^2/L^2 und die molare Masse des Zinks $M(Zn) = 65,4$ g/mol.

Es kann angenommen werden, daß die Löslichkeit des Zinks

$$c(Zn_{gelöst}) = c(Zn^{2+}) + c(Zn(OH)_4^{2-})$$

an der unteren Grenze des gesuchten pH-Bereiches allein durch Zn^{2+} und an der oberen Grenze allein durch $Zn(OH)_4^{2-}$ bestimmt wird.

A 6.10 Die Löslichkeit schwerlöslicher Salze kann durch Komplexbildung stark verändert werden. Um welchen Faktor erhöht sich die Löslichkeit von AgCl in einem Wasser mit 0,1 mol/L NH_3 gegenüber der Löslichkeit in reinem Wasser? Folgende Komplexbildungsreaktionen sind zu berücksichtigen:

$$Ag^+ + NH_3 \rightleftharpoons Ag(NH_3)^+ \qquad \beta_1 = 2,5 \cdot 10^3 \text{ L/mol}$$

$$Ag^+ + 2\,NH_3 \rightleftharpoons Ag(NH_3)_2^+ \quad \beta_2 = 2,5 \cdot 10^7 \text{ L}^2/\text{mol}^2$$

Das Löslichkeitsprodukt von AgCl beträgt $K_L = 1,8 \cdot 10^{-10}$ mol^2/L^2.

A 6.11 In Süßwässern bilden Schwermetalle vor allem Carbonato- und Hydroxokomplexe, während im Meerwasser Chlorokomplexe an Bedeutung gewinnen. Berechnen Sie die Verhältnisse

$$\frac{c(CdCl^+)}{c(CdCO_3^0)} \quad \text{und} \quad \frac{c(PbCl^+)}{c(PbCO_3^0)}$$

für Süßwasser- und Meerwasserbedingungen! Folgende Ligandenkonzentrationen sollen angenommen werden:

Süßwasser: $c(Cl^-) = 1 \cdot 10^{-4}$ mol/L; $c(CO_3^{2-}) = 1 \cdot 10^{-5}$ mol/L

Meerwasser: $c(Cl^-) = 0,5$ mol/L; $c(CO_3^{2-}) = 1 \cdot 10^{-5}$ mol/L

Gegeben sind die Komplexbildungskonstanten:

$\beta(CdCl^+)$ = 95 L/mol; $\beta(CdCO_3^0)$ = 2,5·10^5 L/mol; $\beta(PbCl^+)$ = 40 L/mol; $\beta(PbCO_3^0)$ = 1,6·10^7 L/mol.

A 6.12 Eisen(III)-ionen bilden in wäßriger Lösung bereits bei relativ niedrigen pH-Werten Hydroxokomplexe. Berechnen Sie die Konzentrationen der Eisen(III)-spezies Fe^{3+}, $FeOH^{2+}$, $Fe(OH)_2^+$ und $Fe(OH)_4^-$ bei $pH = 4$ für eine Gesamtkonzentration von $c(Fe(III)) = 1·10^{-7}$ mol/L! Wie ist der Sättigungszustand hinsichtlich Eisenhydroxid $Fe(OH)_3$? Gegeben sind die Gleichgewichtskonstanten für die Komplexbildungsreaktionen

$$Fe^{3+} + H_2O \rightleftharpoons FeOH^{2+} + H^+$$

$$\beta_1 = \frac{c(FeOH^{2+})\,c(H^+)}{c(Fe^{3+})} = 6,3·10^{-3}\,\text{mol/L}$$

$$Fe^{3+} + 2\,H_2O \rightleftharpoons Fe(OH)_2^+ + 2\,H^+$$

$$\beta_2 = \frac{c(Fe(OH)_2^+)\,c^2(H^+)}{c(Fe^{3+})} = 2,1·10^{-6}\,\text{mol}^2/\text{L}^2$$

$$Fe^{3+} + 4\,H_2O \rightleftharpoons Fe(OH)_4^- + 4\,H^+$$

$$\beta_4 = \frac{c(Fe(OH)_4^-)\,c^4(H^+)}{c(Fe^{3+})} = 2,5·10^{-22}\,\text{mol}^4/\text{L}^4$$

sowie das Löslichkeitsprodukt des Eisen(III)-hydroxids

$$Fe(OH)_{3(s)} \rightleftharpoons Fe^{3+} + 3\,OH^-$$

$$K_L = c(Fe^{3+})\,c^3(OH^-) = 1·10^{-39}\,\text{mol}^4/\text{L}^4$$

und das Ionenprodukt des Wassers

$$H_2O \rightleftharpoons H^+ + OH^-$$

$$K_W = c(H^+)\,c(OH^-) = 1·10^{-14}\,\text{mol}^2/\text{L}^2.$$

6.2 Hinweise

Allgemeiner Hinweis: Bei den Gleichgewichtskonstanten der Komplexbildungsreaktionen unterscheidet man zwischen individuellen (oder konsekutiven) Konstanten, welche die sukzessive Anlagerung der Liganden beschreiben und Brutto-
konstanten, die sich auf die Bruttoreaktion (Zentralteilchen + n Liganden) beziehen. Letztere werden häufig mit β bezeichnet (nicht zu verwechseln mit der Massenkonzentration) und – wenn zur Unterscheidung notwendig – mit einem Index
versehen, der die Zahl der Liganden angibt.

$\boxed{\text{H 6.1}}$ Überlegen Sie anhand des Massenwirkungsgesetzes, wie sich die Gleichgewichtskonstante ändert, wenn man eine Reaktion in umgekehrter Richtung
schreibt!

$\boxed{\text{H 6.2}}$ Der Zusammenhang zwischen den beiden Varianten der Formulierung
des Komplexbildungsprozesses läßt sich über das Ionenprodukt des Wassers herstellen.

$\boxed{\text{H 6.3}}$ Es gelten die unter H 6.1 und H 6.2 gegebenen Hinweise.

$\boxed{\text{H 6.4}}$ Die Al^{3+}-Konzentration ergibt sich direkt aus dem Löslichkeitsprodukt.
Zur Berechnung der Komplexkonzentration sind die Gleichgewichtsbeziehungen
zu verknüpfen.

$\boxed{\text{H 6.5}}$ Stellen Sie zunächst eine Cadmiumbilanz auf und versuchen Sie dann,
unbekannte Größen durch Gleichgewichtsbeziehungen zu substituieren!

$\boxed{\text{H 6.6}}$ Der Cadmiumanteil wird wie in A 6.5 berechnet. Die Anteile der übrigen
Spezies ergeben sich aus den Komplexbildungsgleichgewichten. Wandeln Sie zur
Berechnung die Absolutkonzentrationen in Relativwerte um!

$\boxed{\text{H 6.7}}$ Stellen Sie zunächst – unter Berücksichtigung der Vereinfachungen –
eine Bilanz für die NTA-Spezies auf und berechnen Sie daraus unter Verwendung
der Gleichgewichtsbeziehungen die Konzentration an NTA^{3-}! Die Konzentratio-

nen der Komplexteilchen erhalten Sie aus den entsprechenden Bilanzgleichungen.

$\boxed{\text{H 6.8}}$ Zur Lösung sollte zunächst eine Cu-Bilanz aufgestellt werden. Anschließend sind unbekannte Größen zu substituieren. Hierzu ist die Kenntnis der Carbonationenkonzentration erforderlich. Diese kann unter Zuhilfenahme der Säurekonstanten berechnet werden. Auch hierfür ist als erster Schritt die Aufstellung einer Bilanzgleichung (C-Bilanz) zu empfehlen.

$\boxed{\text{H 6.9}}$ Die untere Grenze des pH-Bereiches kann aus dem Löslichkeitsprodukt berechnet werden. Für die Bestimmung der oberen Grenze ist die Komplexreaktion in Kombination mit dem Löslichkeitsprodukt zu betrachten.

$\boxed{\text{H 6.10}}$ Die Löslichkeit (Sättigungskonzentration) von $AgCl$ in reinem Wasser kann direkt aus dem Löslichkeitsprodukt berechnet werden. Bei Anwesenheit des Komplexbildners NH_3 verteilt sich die Silberkonzentration in der Lösung auf die drei Spezies Ag^+, $Ag(NH_3)^+$ und $Ag(NH_3)_2^+$. Überlegen Sie zunächst, welcher Zusammenhang zwischen der Sättigungskonzentration und der Chloridionenkonzentration einerseits sowie der Sättigungskonzentration und den Konzentrationen der Ag-Spezies andererseits besteht!

$\boxed{\text{H 6.12}}$ Stellen Sie zunächst die Bilanzgleichung für Fe(III) auf und versuchen Sie dann, eine Teilchenkonzentration zu berechnen, indem Sie die anderen, unbekannten Konzentrationen mit Hilfe der Gleichgewichtsbeziehungen substituieren! Zur Überprüfung des Sättigungszustandes ist das Produkt der aktuellen Konzentrationen Q mit dem Löslichkeitsprodukt K_L zu vergleichen (siehe auch L 5.3).

7 Redoxgleichgewichte

7.1 Aufgaben

A 7.1 Oxidationszahlen bilden die Grundlage für das Aufstellen von Redoxgleichungen. Ermitteln Sie die Oxidationszahlen

a) des Stickstoffs in NO_3^- (Nitrat), NO_2^- (Nitrit), N_2O (Distickstoffmonoxid, Lachgas),

b) des Schwefels in SO_4^{2-} (Sulfat), $S_2O_3^{2-}$ (Thiosulfat), FeS_2 (Pyrit),

c) des Kohlenstoffs in CH_4 (Methan), CO_2 (Kohlendioxid), $C_2H_3Cl_3$ (1,1,1-Trichlorethan), C_6H_5OH (Phenol),

d) des Sauerstoffs in H_2O (Wasser), H_2O_2 (Wasserstoffperoxid), O_3 (Ozon)!

A 7.2 Berechnen Sie die Redoxintensität für die folgende Reaktion:

$$1/2\,MnO_{2(s)} + 2\,H^+ + e^- \rightleftharpoons 1/2\,Mn^{2+} + H_2O \ !$$

Folgende Daten sind bekannt: $\lg K = 21{,}8$; $pH = 8$; $c(Mn^{2+}) = 10^{-6}$ mol/L.

A 7.3 Berechnen Sie die Redoxintensität für die Reaktion

$$SO_4^{2-} + 9\,H^+ + 8\,e^- \rightleftharpoons HS^- + 4\,H_2O$$

unter der Bedingung, daß die Konzentrationen von Sulfat und Hydrogensulfid gleich sind! Der pH-Wert soll 7 betragen; für die Gleichgewichtskonstante gilt $\lg K = 34$.

A 7.4 Die Teilgleichung für das Redoxsystem O_2/H_2O kann auf zwei verschiedene Arten formuliert werden:

$$O_{2\,(g)} + 4\,H^+ + 4\,e^- \rightleftharpoons 2\,H_2O \qquad\qquad \text{(I)}$$

$$O_{2\,(aq)} + 4\,H^+ + 4\,e^- \rightleftharpoons 2\,H_2O. \qquad\qquad \text{(II)}$$

Der Logarithmus der Gleichgewichtskonstante K für die Reaktion (I) beträgt 83. Berechnen Sie die Gleichgewichtskonstante K^* (als $\lg K^*$) für die Reaktion (II) unter Berücksichtigung der HENRY-Konstante $H(O_2) = 1,247$ mol m^{-3} bar^{-1} und geben Sie für beide Reaktionen die Standardredoxintensitäten an!

$\boxed{\text{A 7.5}}$ Die Redoxintensität in einem Gewässer sei durch den gelösten Sauerstoff bestimmt. Das Wasser steht im Gleichgewicht mit der Atmosphäre (21 Vol.-% O_2; Gesamtdruck 1 bar). Wie groß sind die Redoxintensitäten bei a) pH = 5 und b) pH = 8? Für das Redoxsystem O_2/H_2O gilt:

$$O_{2\,(g)} + 4\,H^+ + 4\,e^- \rightleftharpoons 2\,H_2O \qquad\qquad \lg K = 83.$$

$\boxed{\text{A 7.6}}$ Bei welcher Redoxintensität ist in einem Wasser das molare Verhältnis von NH_4^+ zu NO_3^- gleich 1, wenn der pH-Wert a) 5 und b) 7 beträgt?
Für das Redoxsystem NO_3^-/NH_4^+ gilt:

$$NO_3^- + 10\,H^+ + 8\,e^- \rightleftharpoons NH_4^+ + 3\,H_2O \qquad\qquad \lg K = 121,12.$$

$\boxed{\text{A 7.7}}$ Mangan kommt im Wasser unter reduzierenden Bedingungen als Mn^{2+} vor. Unter oxidierenden Bedingungen erfolgt die Umwandlung in unlösliches Mangandioxid. Je höher also die Redoxintensität eines Wassers ist, desto geringer ist die Konzentration an gelöstem Mn^{2+}. In einem Wasser, das bei pH = 6 die Redoxintensität $p\varepsilon = 12$ aufweist, soll Mn^{2+} mit festem Braunstein MnO_2 im Gleichgewicht stehen. Wie groß ist die theoretische Konzentration an Mn^{2+}? Für das Gleichgewicht

$$0,5\,MnO_{2(s)} + 2\,H^+ + e^- \rightleftharpoons 0,5\,Mn^{2+} + H_2O$$

wird die Gleichgewichtskonstante mit $\lg K = 21,8$ angegeben.
Führen Sie die gleiche Berechnung noch einmal mit $p\varepsilon = 15$ durch und vergleichen Sie die Ergebnisse!

$\boxed{\text{A 7.8}}$ Es wird angenommen, daß am Grund eines Gewässers, dessen Sediment MnO_2 enthält, die Sauerstoffkonzentration durch sauerstoffzehrende Prozesse und fehlende Sauerstoffnachlieferung (Stagnationsphase) nur noch 1/100 der Sättigungskonzentration bei 4 °C (β_s = 13 mg/L) beträgt. Wie groß ist die Mn^{2+}-Konzentration in Sedimentnähe, die sich rechnerisch unter Berücksichtigung der beiden Redoxsysteme

$$1/4\ O_{2(aq)} + H^+ + e^- \rightleftharpoons 1/2\ H_2O \qquad\qquad p\varepsilon^\circ = 21{,}5$$

$$0{,}5\ MnO_{2(s)} + 2\ H^+ + e^- \rightleftharpoons 0{,}5\ Mn^{2+} + H_2O \qquad p\varepsilon^\circ = 21{,}8$$

ergibt? Der pH-Wert soll 7 betragen.
$M(O_2) = 32$ g/mol

A 7.9 Zur Charakterisierung von Redoxreaktionen in wäßrigen Systemen wird anstelle der Standardredoxintensität $p\varepsilon^\circ$ mitunter auch das aus der Elektrochemie bekannte Standardredoxpotential E_H° verwendet. Grundlage ist die NERNSTsche Gleichung

$$E_H = E_H^\circ + \frac{2{,}3\ R\,T}{n\ F}\ \lg\frac{[Ox]}{[Red]}$$

Die Symbole [Ox] und [Red] stehen hier für die Produkte der mit den stöchiometrischen Koeffizienten potenzierten Konzentrationen auf der Oxidationsmittel- bzw. Reduktionsmittelseite der Redoxgleichung.
Standardredoxpotential und Standardredoxintensität können relativ leicht ineinander umgerechnet werden.
Für die Reaktion

$$Fe^{3+} + e^- \rightleftharpoons Fe^{2+}$$

wird das Standardredoxpotential mit $E_H^\circ = 0{,}77$ V angegeben. Wie groß ist die Standardredoxintensität? Gegeben sind die FARADAY-Konstante $F = 96490$ C/mol und die Gaskontante $R = 8{,}314$ J K^{-1} mol^{-1}. Die Temperatur soll 25 °C betragen.

A 7.10 Machen Sie Aussagen zur Stabilität von Sulfat in aquatischen Systemen, die durch folgende Bedingungen charakterisiert sind:
a) sauerstoffgesättigt, organisches Material weitgehend oxidiert
b) sauerstofffrei, organisches Material vorhanden!
Folgende Redoxsysteme sollen betrachtet werden:

$$1/8\ SO_4^{2-} + 5/4\ H^+ + e^- \rightleftharpoons 1/8\ H_2S_{(g)} + 1/2\ H_2O \qquad p\varepsilon^\circ = 5{,}25$$

$$1/4\ CO_{2(g)} + H^+ + e^- \rightleftharpoons 1/4\ \{CH_2O\} + 1/4\ H_2O \qquad p\varepsilon^\circ = -1{,}2$$

$$1/4\ O_{2(g)} + H^+ + e^- \rightleftharpoons 1/2\ H_2O \qquad p\varepsilon^\circ = 20{,}75.$$

$\{CH_2O\}$ steht stellvertretend für organisches Material.

Begründen Sie Ihre Antwort mit Hilfe der Gleichgewichtskonstanten!

A 7.11   Es ist bekannt, daß Mn^{2+}- und Fe^{2+}-Ionen durch gelösten Sauerstoff zu schwerlöslichen Verbindungen (MnO_2, $Fe(OH)_3$) oxidiert werden. Prüfen Sie, ob für Blei die vergleichbare Reaktion

$$Pb^{2+} + 0,5\ O_{2(aq)} + H_2O \rightarrow PbO_{2(s)} + 2\ H^+$$

unter natürlichen Bedingungen zu erwarten ist! Ermitteln Sie dazu die Gleichgewichtskonstante für die Reaktion und vergleichen sie diese mit dem Reaktionsquotienten, der sich für ein mit Luftsauerstoff gesättigtes Wasser ($c(O_2) = 0,261$ mmol/L) mit $pH = 7$ und $\beta(Pb^{2+}) = 1$ µg/L ergibt! Gegeben sind die Standardredoxintensitäten für die Reaktionen

$$0,5\ O_{2(aq)} + 2\ H^+ + 2\ e^- \rightleftharpoons H_2O \qquad\qquad p\varepsilon_1^\circ = 21,5$$

$$PbO_{2(s)} + 4\ H^+ + 2\ e^- \rightleftharpoons Pb^{2+} + 2\ H_2O \qquad p\varepsilon_2^\circ = 24,7\ .$$

Die molare Masse von Blei beträgt $M(Pb) = 207$ g/mol.

A 7.12   Für die Teilreaktion

$$1/8\ SO_4^{2-} + 5/4\ H^+ + e^- \rightleftharpoons 1/8\ H_2S_{(g)} + 1/2\ H_2O$$

wird die Standardredoxintensität mit $p\varepsilon^\circ = 5,25$ angegeben. Wie groß ist $p\varepsilon^\circ$ für die Reaktion

$$1/8\ SO_4^{2-} + 9/8\ H^+ + e^- \rightleftharpoons 1/8\ HS^- + 1/2\ H_2O\ ?$$

Gegeben sind die HENRY-Konstante des Schwefelwasserstoffs $H(H_2S) = 102,2$ mol m^{-3} bar^{-1} und die Säurekonstante $pK_S(H_2S) = 7$.

A 7.13   Wie groß ist die Redoxintensität eines Grundwassers, das bei $pH = 7$ eine Fe^{2+}-Konzentration von $1 \cdot 10^{-5}$ mol/L aufweist? Welcher Sauerstoffkonzentration entspricht diese Redoxintensität?

Gegeben sind die Standardredoxintensitäten der folgenden Reaktionen:

$$Fe(OH)_{3(s)} + 3\ H^+ + e^- \rightleftharpoons Fe^{2+} + 3\ H_2O \qquad p\varepsilon^\circ = 16$$

$$1/4\ O_{2(aq)} + H^+ + e^- \rightleftharpoons 1/2\ H_2O \qquad\qquad p\varepsilon^\circ = 21,5\ .$$

$\boxed{\text{A 7.14}}$ Redoxreaktionen sind häufig mit weiteren Reaktionen verknüpft. Dies kann man nutzen, um unbekannte Gleichgewichtskonstanten zu berechnen. Gegeben sind die Standardredoxintensitäten für die Reaktionen

$$Fe^{3+} + e^- \rightleftharpoons Fe^{2+} \qquad\qquad\qquad p\varepsilon^\circ = 13$$

$$Fe(OH)_{3(s)} + 3\,H^+ + e^- \rightleftharpoons Fe^{2+} + 3\,H_2O \qquad p\varepsilon^{\circ *} = 16$$

sowie das Ionenprodukt des Wassers

$$K_W = c(H^+)\,c(OH^-) = 1 \cdot 10^{-14}\ mol^2/L^2 \quad bzw.\ pK_W = 14.$$

Wie groß ist das Löslichkeitsprodukt K_L des Eisenhydroxids $Fe(OH)_{3(s)}$?

7.2 Hinweise

Allgemeiner Hinweis: Gleichgewichtskonstanten für die Berechnung von Redoxgleichgewichten werden häufig in logarithmischer Form angegeben (lg K bzw. davon abgeleitet $p\varepsilon^\circ$). Durch den damit verbundenen Wegfall der Maßeinheit ist nicht mehr erkennbar, auf welches Konzentrationsmaß sich die Definition der Konstante stützt. Folgende Vereinbarungen sind üblich und gelten auch für alle Aufgaben in diesem Kapitel: Als Konzentrationsmaß für gelöste Teilchen wird die Stoffmengenkonzentration c in mol/L eingesetzt. Bei gasförmigen Komponenten ist die Angabe als Partialdruck p in bar der Regelfall. Auf Abweichungen von dieser Konvention wird im Einzelfall hingewiesen, entweder direkt oder indirekt durch Angabe der Maßeinheit für die Gleichgewichtskonstante.

$\boxed{\text{H 7.1}}$ Überlegen Sie beim Pyrit, von welcher Säure sich das Anion ableitet (Analogie zu H_2O_2)! Im Falle des Thiosulfats können beiden Schwefelatomen unterschiedliche Oxidationszahlen zugewiesen werden (Analogie zu Sulfat); es kann aber auch eine mittlere Oxidationszahl des Schwefels formuliert werden. Geben Sie beide Möglichkeiten an! Für das Aufstellen von Redoxgleichungen sind beide Varianten gleichwertig.

$\boxed{\text{H 7.4}}$ Stellen Sie zunächst die Massenwirkungsgesetze für beide Reaktionen auf! Sie können hier formal auch Elektronenkonzentrationen formulieren. Beachten Sie, daß bei Reaktion (I) für den gasförmigen Sauerstoff die konzentrationsäquivalente Größe Partialdruck zu verwenden ist. Stellen Sie dann einen Zusammenhang zwischen den beiden Konstanten mit Hilfe des HENRYschen Gesetzes her! Beachten Sie dabei die Maßeinheit der HENRY-Konstante!

H 7.7 Der Feststoff geht nicht in die Formulierung der Gleichgewichtsbeziehung ein.

H 7.8 Im Gleichgewicht müssen die Redoxintensitäten der beiden Teilreaktionen gleich sein. Sie können die gesuchte Mangankonzentration also durch Gleichsetzen der Ausdrücke für die Redoxintensitäten beider Teilgleichungen ermitteln. Es ist auch möglich, die Aufgabe über das Massenwirkungsgesetz der Gesamtreaktion zu lösen.

H 7.9 Für die Umrechnung der Einheiten können Sie folgende Beziehungen nutzen:

$$1\,C = 1\,As \qquad 1\,J = 1\,Ws \qquad 1\,W = 1\,VA\,.$$

H 7.10 Überlegen Sie zunächst, welche vollständigen Redoxreaktionen für die beiden Fälle relevant sind!

H 7.11 Ob eine Reaktion in der geschriebenen Richtung thermodynamisch möglich ist, kann man mit Hilfe des Reaktionsquotienten Q prüfen. Q erhält man durch Einsetzen der tatsächlich vorliegenden Konzentrationen in das Massenwirkungsgesetz.
Es gilt:

$Q < K \Rightarrow$ die Reaktion ist thermodynamisch möglich,

$Q = K \Rightarrow$ das betrachtete Reaktionssystem befindet sich im Gleichgewicht,

$Q > K \Rightarrow$ die Reaktion ist thermodynamisch nicht möglich (d.h., die Rückreaktion ist möglich).

H 7.12 Die zweite Reaktion kann als Kopplung der ersten Reaktion mit der Säureprotolyse und dem Gas-Wasser-Verteilungsgleichgewicht von H_2S betrachtet werden. Der Zusammenhang läßt sich über die entsprechenden Massenwirkungsgesetze herstellen. Die Redoxgleichungen sind so formuliert, daß die Zahl der ausgetauschten Elektronen $n = 1$ ist. Damit gilt in beiden Fällen

$$p\varepsilon^\circ = \frac{1}{n}\lg K = \lg K \ .$$

H 7.13 Im Gleichgewicht müssen die Redoxintensitäten der beiden Teilreaktionen gleich sein. Berechnen Sie also zunächst $p\varepsilon$ für die erste Reaktion und verwenden Sie diesen Wert dann, um über die zweite Reaktion $c(O_2)$ zu ermitteln. Es ist auch möglich, die Aufgabe über das Massenwirkungsgesetz der Gesamtreaktion zu lösen.

H 7.14 Stellen Sie die Gleichung für das Löslichkeitsprodukt des $Fe(OH)_3$ auf und versuchen Sie dann, die Konzentrationen durch die gegebenen Gleichgewichtskonstanten zu ersetzen!

Lösungen zu den Aufgaben

Lösungen zu Kapitel 1

L 1.1 Die Umrechnung der Konzentrationsmaße erfolgt unter Verwendung der molaren Massen nach:

$$c(\text{Ca}^{2+}) = \frac{n(\text{Ca}^{2+})}{V(\text{Lös.})} = \frac{m(\text{Ca}^{2+})}{V(\text{Lös.})\,M(\text{Ca}^{2+})} = \frac{\beta(\text{Ca}^{2+})}{M(\text{Ca}^{2+})} = \frac{0{,}075\ \text{g/L}}{40{,}1\ \text{g/mol}}$$

$$c(\text{Ca}^{2+}) = 1{,}87 \cdot 10^{-3}\ \text{mol/L} = \underline{1{,}87\ \text{mmol/L}}$$

$$c(\text{Mg}^{2+}) = \frac{\beta(\text{Mg}^{2+})}{M(\text{Mg}^{2+})} = \frac{0{,}015\ \text{g/L}}{24{,}3\ \text{g/mol}} = 6{,}17 \cdot 10^{-4}\ \text{mol/L} = \underline{0{,}617\ \text{mmol/L}}.$$

Zur Berechnung der Äquivalentkonzentrationen der Ionen sind die Stoffmengen-konzentrationen mit den Äquivalentzahlen zu multiplizieren (s. a. L 1.4, L 1.5):

$$c\!\left(\tfrac{1}{2}\text{Ca}^{2+}\right) = 2\,c(\text{Ca}^{2+}) = 2 \cdot 1{,}87 \cdot 10^{-3}\,\text{mol/L} = 3{,}74 \cdot 10^{-3}\,\text{mol/L} = \underline{3{,}74\ \text{mmol/L}}$$

$$c\!\left(\tfrac{1}{2}\text{Mg}^{2+}\right) = 2\,c(\text{Mg}^{2+}) = 2 \cdot 6{,}17 \cdot 10^{-4}\,\text{mol/L} = 1{,}234 \cdot 10^{-3}\,\text{mol/L}$$

$$c\!\left(\tfrac{1}{2}\text{Mg}^{2+}\right) = \underline{1{,}234\ \text{mmol/L}}.$$

L 1.2 Zur Berechnung des Massenanteils (Dimension Masse/Masse oder dimensionslos) wird zunächst die Masse der gelösten Teilchen durch die Masse der Lösung dividiert. Die Angabe in % erhält man durch Multiplikation mit 100 (% $\hat{=}$ Teile pro 100 Teile), die Angabe in ppm durch Multiplikation mit 10^6 (ppm $\hat{=}$ Teile pro 1 Million Teile).

$$w(\text{Na}^+) = \frac{m(\text{Na}^+)}{m(\text{Lös.})} = \frac{0{,}022\ \text{g}}{1000\ \text{g}} = \underline{2{,}2 \cdot 10^{-5}\ \text{g/g}} = 2{,}2 \cdot 10^{-5} = \underline{2{,}2 \cdot 10^{-3}\ \%} = \underline{22\ \text{ppm}}$$

L 1.3 Die Lösung erhält man aus den Definitionsgleichungen für °dH unter Verwendung der molaren Massen (in mg/mmol). Es gilt:

$$n = \frac{m}{M} \quad \text{bzw.} \quad c = \frac{\beta}{M} \quad \text{sowie außerdem}$$

$$1 \text{ mol Ca}^{2+} \,\hat{=}\, 1 \text{ mol CaO} \qquad \text{und} \qquad 1 \text{ mol Mg}^{2+} \,\hat{=}\, 1 \text{ mol MgO}.$$

Damit ergibt sich:

$$1\,°\text{dH} = 10 \text{ mg/L CaO} = \frac{10 \text{ mg/L}}{56{,}08 \text{ mg/mmol}} = 0{,}1783 \text{ mmol/L CaO}$$

$$1\,°\text{dH} = \underline{0{,}1783 \text{ mmol/L Ca}^{2+}}$$

$$1\,°\text{dH} = 7{,}187 \text{ mg/L MgO} = \frac{7{,}187 \text{ mg/L}}{40{,}30 \text{ mg/mmol}} = 0{,}1783 \text{ mmol/L MgO}$$

$$1\,°\text{dH} = \underline{0{,}1783 \text{ mmol/L Mg}^{2+}}\,.$$

$1\,°\text{dH}$ entspricht somit einer Erdalkaliionenkonzentration von $c(\text{Ca}^{2+} + \text{Mg}^{2+}) = 0{,}1783$ mmol/L. Dementsprechend gilt in umgekehrter Richtung:

$$1 \text{ mmol/L } (\text{Ca}^{2+} + \text{Mg}^{2+}) = \frac{1}{0{,}1783}\,°\text{dH} = 5{,}6\,°\text{dH}\,.$$

$\boxed{\textbf{L 1.4}}$ Die Elektroneutralitätsbedingung ist erfüllt, wenn die Summe der Kationenäquivalente gleich der Summe der Anionenäquivalente ist. Entsprechendes gilt für die Äquivalentkonzentrationen. Aus den Analysendaten sind daher zunächst die Stoffmengenkonzentrationen nach $c = \dfrac{\beta}{M}$ und danach die Äquivalentkonzentrationen zu berechnen. Da β hier in mg/L angegeben wird, verwendet man zweckmäßigerweise für M die Einheit mg/mmol und für c die Einheit mmol/L. Für die Ionen resultieren die folgende Konzentrationen:

$c(\text{Ca}^{2+}) = 8{,}678$ mmol/L, $c(\text{Mg}^{2+}) = 4{,}444$ mmol/L, $c(\text{Na}^+) = 5{,}13$ mmol/L, $c(\text{K}^+) = 0{,}281$ mmol/L, $c(\text{Cl}^-) = 1{,}127$ mmol/L, $c(\text{SO}_4^{2-}) = 0{,}395$ mmol/l, $c(\text{HCO}_3^-) = 29{,}77$ mmol/L.

Die Äquivalentkonzentrationen ergeben sich unter Berücksichtigung der Äquivalentzahl z^* (Ionenwertigkeit) nach $c\left(\dfrac{1}{z^*}\text{Ion}\right) = z^*\,c(\text{Ion})$. Damit erhält man die Summen der Äquivalentkonzentrationen der Kationen und Anionen:

Kationen: $(2 \cdot 8{,}678 + 2 \cdot 4{,}444 + 1 \cdot 5{,}13 + 1 \cdot 0{,}281)$ mmol/L $= \underline{31{,}655 \text{ mmol/L}}$

Anionen: $(1 \cdot 1{,}127 + 2 \cdot 0{,}395 + 1 \cdot 29{,}77)$ mmol/L $= \underline{31{,}687 \text{ mmol/L}}\,.$

Die Summen der Äquivalentkonzentrationen der Kationen ($\approx 31{,}7$ mmol/L) und

Anionen ($\approx$ 31,7 mmol/L) stimmen überein. Die Analysenergebnisse sind plausibel.

L 1.5 a) Im pH-Bereich nahe des Neutralpunktes gilt für den Zusammenhang zwischen Hydrogencarbonationenkonzentration und Säurekapazität bis pH = 4,3 (vgl. auch L 4.15 c): $c(\mathrm{HCO_3^-}) = K_{S4,3} - 0,05$ mmol/L. Die Hydrogencarbonationenkonzentration beträgt somit:

$$c(\mathrm{HCO_3^-}) = 2,65 \text{ mmol/L} - 0,05 \text{ mmol/L} = 2,6 \text{ mmol/L}.$$

Die Umrechnung von Stoffmenge n (hier in mmol) in Masse m (hier in mg) erfolgt mit Hilfe der molaren Masse M (in g/mol bzw. mg/mmol) nach

$$n = \frac{m}{M} \quad \Rightarrow \quad m = n \cdot M = 2,6 \text{ mmol} \cdot 61 \text{ mg/mmol} = 158,6 \text{ mg}.$$

Die Massenkonzentration an Hydrogencarbonat beträgt dementsprechend <u>158,6 mg/L</u>.

b) Zwischen der Konzentration $c(\mathrm{X})$ eines Ions X und der Äquivalentkonzentration $c(1/z^* \, \mathrm{X})$ besteht der Zusammenhang:

$$c\left(\frac{1}{z^*} \mathrm{X}\right) = z^* \, c(\mathrm{X}) \qquad z^* - \text{Äquivalentzahl (Ionenwertigkeit)}.$$

Damit läßt sich für die angegebene Wasseranalyse folgende Tabelle aufstellen:

Ion	molare Konzentration c in mmol/L	Äquivalentkonzentration in mmol/L
$\mathrm{Ca^{2+}}$	1,8	3,6
$\mathrm{Mg^{2+}}$	0,5	1,0
$\mathrm{Na^+}$	3,1	3,1
$\mathrm{K^+}$	0,2	0,2
$\mathrm{HCO_3^-}$	2,6	2,6
$\mathrm{Cl^-}$	3,6	3,6
$\mathrm{NO_3^-}$	0,3	0,3
$\mathrm{SO_4^{2-}}$	0,7	1,4

c) In jedem Wasser muß die Elektroneutralitätsbedingung $\sum_i c_i z_i = 0$ bzw.

Summe der Äquivalentkonzentrationen der Kationen = Summe der Äquivalentkonzentrationen der Anionen

erfüllt sein. Im vorliegenden Fall ergibt sich:

Kationen: $(3,6 + 1,0 + 3,1 + 0,2)$ mmol/L = 7,9 mmol/L

Anionen: $(2,6 + 3,6 + 0,3 + 1,4)$ mmol/L = 7,9 mmol/L.

Die Elektroneutralitätsbedingung ist erfüllt, die Analysenergebnisse sind plausibel.

d) Die Gesamthärte ist die Summe der Konzentrationen der Erdalkaliionen, hier also: $c(Ca^{2+}) + c(Mg^{2+}) = (1,8 + 0,5)$ mmol/L = 2,3 mmol/L.

Die Carbonathärte ist die Summe der Konzentrationen der Erdalkaliionen, die der Konzentration der im Wasser vorhandenen Hydrogencarbonat- und Carbonationen äquivalent ist. Für die Äquivalentkonzentration gilt daher:

$$c(1/2\,Ca^{2+}) + c(1/2\,Mg^{2+}) = c(1/1\,HCO_3^-) + c(1/2\,CO_3^{2-}) = (2,6 + 0)\text{ mmol/L}$$

$$c(1/2\,Ca^{2+}) + c(1/2\,Mg^{2+}) = 2,6\text{ mmol/L}.$$

Die Stoffmengenkonzentration beträgt dementsprechend:

$$c(Ca^{2+}) + c(Mg^{2+}) = \frac{c(1/2\,Ca^{2+}) + c(1/2\,Mg^{2+})}{z^*} = \frac{2,6\text{ mmol/L}}{2} = 1,3\text{ mmol/L}.$$

Die Umrechnung in °dH erfolgt nach:

$1\text{ °dH} = 0,1783$ mmol/L $(Ca^{2+} + Mg^{2+})$ bzw. 1 mmol/L $(Ca^{2+} + Mg^{2+}) = 5,6$ °dH.

Damit erhält man schließlich:

Gesamthärte: 5,6 °dH/(mmol/L) $\cdot$ 2,3 mmol/L = 12,9 °dH

Carbonathärte: 5,6 °dH/(mmol/L) $\cdot$ 1,3 mmol/L = 7,3 °dH.

e) Die Ionenstärke ist definiert durch

$$I = 0,5 \sum_i c_i z_i^2 \qquad z_i - \text{Ionenladung}.$$

Damit ergibt sich im vorliegenden Fall:

$$I = 0,5\,[c(Ca^{2+}) \cdot 2^2 + c(Mg^{2+}) \cdot 2^2 + c(Na^+) \cdot 1^2 + c(K^+) \cdot 1^2 + c(HCO_3^-) \cdot (-1)^2 + c(Cl^-) \cdot (-1)^2 + c(NO_3^-) \cdot (-1)^2 + c(SO_4^{2-}) \cdot (-2)^2)]$$

$$I = 0,5\,[1,8 \cdot 4 + 0,5 \cdot 4 + 3,1 + 0,2 + 2,6 + 3,6 + 0,3 + 0,7 \cdot 4]\text{ mmol/L}$$

$$I = 0,5\,[7,2 + 2 + 3,1 + 0,2 + 2,6 + 3,6 + 0,3 + 2,8]\text{ mmol/L} = 0,5 \cdot 21,8\text{ mmol/L}$$

$$I = 10,9\text{ mmol/L} = 0,0109\text{ mol/L}.$$

L 1.6 Wegen der Elektroneutralitätsbedingung muß gelten:

$c(\text{Kationenäquivalente}) = c(\text{Anionenäquivalente}) = 10{,}7 \text{ mmol/L}$.

Aus der Angabe der Härte folgt:

$$c(\text{Ca}^{2+} + \text{Mg}^{2+}) = 4{,}25 \text{ mmol/L} \quad \text{bzw.} \quad c\left(\frac{1}{2}\text{Ca}^{2+} + \frac{1}{2}\text{Mg}^{2+}\right) = 8{,}5 \text{ mmol/L}.$$

Die Summe der Äquivalentkonzentrationen an Na^+ und K^+ (wegen der Ionenwertigkeit $z^* = 1$ identisch mit den Stoffmengenkonzentrationen) ergibt sich als Differenz zwischen der Gesamtkonzentration der Kationenäquivalente und den Äquivalentkonzentrationen der Erdalkalimetallionen:

$$c(\text{Na}^+ + \text{K}^+) = 10{,}7 \text{ mmol/L} - 8{,}5 \text{ mmol/L} = \underline{2{,}2 \text{ mmol/L}}.$$

$\boxed{\text{L 1.7}}$ Unter Beachtung des gegebenen Volumenverhältnisses kann angesetzt werden: $V_M = V_A + V_B = 1\,\text{L} + 5\,\text{L} = 6\,\text{L}$.

Unter Berücksichtigung der Definition der Massenkonzentration gilt weiterhin:
$m = \beta\,V$.

Da sich die Massen additiv verhalten, ergibt sich die Masse in der Mischung zu

$$m_M(\text{Ca}) = \beta_A(\text{Ca})\,V_A + \beta_B(\text{Ca})\,V_B = 45\,\text{mg/L} \cdot 1\,\text{L} + 15\,\text{mg/L} \cdot 5\,\text{L} = 120\,\text{mg}.$$

Für die Konzentration im Mischwasser folgt schließlich:

$$\beta_M(\text{Ca}) = \frac{m_M(\text{Ca})}{V_M} = \frac{120\,\text{mg}}{6\,\text{L}} = \underline{20\,\text{mg/L}}.$$

$\boxed{\text{L 1.8}}$ Beim Erhitzen der Wasserprobe kristallisieren die gelösten Ionen als Salze aus und bilden den Abdampfrückstand. Zur Berechnung des theoretischen Abdampfrückstands können daher die Massenkonzentrationen der Ionen aufsummiert werden. Allerdings ist dabei zu beachten, daß eine Zersetzung des Hydrogencarbonats nach

$$2\,\text{HCO}_3^- \rightarrow \text{CO}_3^{2-} + \text{H}_2\text{O}\uparrow + \text{CO}_2\uparrow$$

erfolgt. Hydrogencarbonat trägt daher nur mit dem Teil, welcher der Massenkonzentration des gebildeten CO_3^{2-} entspricht, zum Abdampfrückstand bei:

$$\beta(\text{CO}_3^{2-}) = w\,\beta(\text{HCO}_3^-).$$

Der Anteil w kann unter Berücksichtigung der Stöchiometrie der Zersetzung (2 mol $\text{HCO}_3^- \rightarrow 1$ mol CO_3^{2-}) aus den molaren Massen berechnet werden:

$$w = \frac{M(\text{CO}_3^{2-})}{2\,M(\text{HCO}_3^-)} = \frac{60\ \text{g/mol}}{122\ \text{g/mol}} = 0{,}492.$$

Der theoretische Abdampfrückstand (ADR) ergibt sich dann nach:

$$\beta(\text{ADR}) = 0{,}492\,\beta(\text{HCO}_3^-) + \sum \beta(\text{Ionen, ohne HCO}_3^-)$$

$$\beta(\text{ADR}) = 159{,}9\ \text{mg/L} + 419\ \text{mg/L} = \underline{578{,}9\ \text{mg/L}}.$$

L 1.9   1 mol P_2O_5 ist 2 mol PO_4^{3-} äquivalent. Daraus folgt für das Verhältnis der Konzentrationen von P_2O_5 und PO_4^{3-}:

$$\frac{\beta(\text{P}_2\text{O}_5)}{\beta(\text{PO}_4^{3-})} = \frac{M(\text{P}_2\text{O}_5)}{2\,M(\text{PO}_4^{3-})}\,.$$

Die molaren Massen für PO_4^{3-} und P_2O_5 ergeben sich zu 95 g/mol und 142 g/mol. Damit kann der Grenzwert, bezogen auf P_2O_5, berechnet werden:

$$\beta(\text{P}_2\text{O}_5) = \frac{M(\text{P}_2\text{O}_5)\,\beta(\text{PO}_4^{3-})}{2\,M(\text{PO}_4^{3-})} = \frac{142\ \text{g/mol}\cdot 6{,}7\ \text{mg/L}}{2\cdot 95\ \text{g/mol}} = \underline{5\ \text{mg/L}}\,.$$

L 1.10   a) Die molare Masse von Nitrat beträgt $M(\text{NO}_3^-) = 14$ g/mol $+ (3 \cdot 16$ g/mol$) = 62$ g/mol. Da 1 mol NO_3^- genau 1 mol N enthält, gilt:

$$\frac{\beta(\text{N})}{\beta(\text{NO}_3^-)} = \frac{M(\text{N})}{M(\text{NO}_3^-)}$$

$$\beta(\text{N}) = \frac{M(\text{N})\,\beta(\text{NO}_3^-)}{M(\text{NO}_3^-)} = \frac{14\ \text{g/mol}\cdot 10\ \text{mg/L}}{62\ \text{g/mol}} = \underline{2{,}26\ \text{mg/L}}\,.$$

b) Für Dihydrogenphosphat erhält man mit $M(\text{H}_2\text{PO}_4^-) = 97$ g/mol auf analoge Weise:

$$\frac{\beta(\text{P})}{\beta(\text{H}_2\text{PO}_4^-)} = \frac{M(\text{P})}{M(\text{H}_2\text{PO}_4^-)}$$

$$\beta(\text{P}) = \frac{M(\text{P})\,\beta(\text{H}_2\text{PO}_4^-)}{M(\text{H}_2\text{PO}_4^-)} = \frac{31\ \text{g/mol}\cdot 0{,}5\ \text{mg/L}}{97\ \text{g/mol}} = \underline{0{,}16\ \text{mg/L}}\,.$$

c) Bei Phenol ist zu beachten, daß 1 mol Phenol ($\text{C}_6\text{H}_5\text{OH}$; $M = 94$ g/mol) 6 mol C enthält:

$$\frac{\beta(C)}{\beta(C_6H_5OH)} = \frac{6\,M(C)}{M(C_6H_5OH)}$$

$$\beta(C) = \frac{6\,M(C)\,\beta(C_6H_5OH)}{M(C_6H_5OH)} = \frac{6 \cdot 12\ \text{g/mol} \cdot 1\ \mu\text{g/L}}{94\ \text{g/mol}} = \underline{0,766\ \mu\text{g/L}}\ .$$

L 1.11 Um die Summe der Einzelstoffe mit der summarischen Größe AOX vergleichen zu können, muß die gleiche Bezugsbasis (Cl) gewählt werden. Dazu sind die Stoffkonzentrationen der Verbindungen in die äquivalenten Chlorkonzentrationen umzurechnen. Die Massenanteile des Cl in den einzelnen Verbindungen können aus den molaren Massen der Verbindungen und des Chlors berechnet werden:

$$w(Cl) = \frac{N(Cl)\,M(Cl)}{M(\text{Verb.})} \qquad N(Cl) - \text{Zahl der Chloratome in der Verbindung.}$$

Für Trichlorethen (C_2HCl_3) ergibt sich mit $M(Cl) = 35{,}5$ g/mol, $M(H) = 1$ g/mol und $M(C) = 12$ g/mol ($\Rightarrow M(C_2HCl_3) = 131{,}5$ g/mol):

$$w(Cl) = \frac{3 \cdot 35{,}5\ \text{g/mol}}{131{,}5\ \text{g/mol}} = \frac{106{,}5\ \text{g/mol}}{131{,}5\ \text{g/mol}} = 0{,}81\ .$$

Die Chlorkonzentration für diese Verbindung berechnet sich dann nach:

$$\beta(Cl) = w(Cl) \cdot \beta(C_2HCl_3) = 0{,}81 \cdot 5\ \mu\text{g/L} = \underline{4{,}05\ \mu\text{g/L}}\ .$$

Auf analoge Weise erhält man:

1,1,1-Trichlorethan ($C_2H_3Cl_3$): $w(Cl) = 0{,}798$; $\beta(Cl) = \underline{2{,}394\ \mu\text{g/L}}$ und

Tetrachlorethen (C_2Cl_4): $w(Cl) = 0{,}855$; $\beta(Cl) = \underline{5{,}13\ \mu\text{g/L}}$.

Die Summe der Chlorkonzentrationen der Einzelstoffe beträgt somit (4,05 + 2,394 + 5,13) μg/L = $\underline{11{,}574\ \mu\text{g/L}}$ oder $\underline{57{,}9\ \%}$ des gefundenen AOX-Wertes von 20 μg/L Cl$^-$.

L 1.12 Wie aus den Reaktionsgleichungen hervorgeht, nehmen 1,5 mol O_2 die gleiche Anzahl von Elektronen (6) auf wie 1 mol Dichromat. Es gilt daher:

$$1\ \text{mol}\ K_2Cr_2O_7 \mathrel{\hat=} 1\ \text{mol}\ Cr_2O_7^{\,2-} \mathrel{\hat=} 1{,}5\ \text{mol}\ O_2$$

$$\frac{\beta(K_2Cr_2O_7)}{\beta(O_2)} = \frac{M(K_2Cr_2O_7)}{1{,}5\,M(O_2)}\ .$$

Mit den molaren Massen $M(K_2Cr_2O_7) = 294{,}2$ g/mol und $M(O_2) = 32$ g/mol erhält man für 1 mg/L O_2:

$$\beta(K_2Cr_2O_7) = \frac{M(K_2Cr_2O_7)\,\beta(O_2)}{1,5\,M(O_2)} = \frac{294,2\ \text{g/mol} \cdot 1\ \text{mg/L}}{1,5 \cdot 32\ \text{g/mol}} = \underline{6,13\ \text{mg/L}}\,.$$

Ein CSB-Wert von 1 mg/L entspricht damit einem Kaliumdichromatverbrauch von 6,13 mg/L.

$\boxed{\textbf{L 1.13}}$ Für die Bruttoreaktion $NH_4^+ + 2\,O_2 \rightleftharpoons NO_3^- + H_2O + 2\,H^+$

ergibt sich ein Sauerstoffverbrauch von 2 mol O_2 pro mol NH_4^+. Daraus folgt:

$$\frac{\beta(O_2)}{\beta(NH_4^+)} = \frac{2\,M(O_2)}{M(NH_4^+)}$$

$$\beta(O_2) = \frac{2\,M(O_2)\,\beta(NH_4^+)}{M(NH_4^+)} = \frac{2 \cdot 32\ \text{g/mol} \cdot 0,5\ \text{mg/L}}{18\ \text{g/mol}} = \underline{1,78\ \text{mg/L}}\,.$$

Bei der vollständigen Oxidation von 0,5 mg/L NH_4^+ werden somit 1,78 mg/L Sauerstoff verbraucht.

$\boxed{\textbf{L 1.14}}$ a) Die molare Masse des Algenprotoplasmas (im folgenden mit AP abgekürzt) ergibt sich aus den molaren Massen der Elemente unter Berücksichtigung der Summenformel zu

$$M(AP) = 106 \cdot 12\ \text{g/mol} + 263 \cdot 1\ \text{g/mol} + 110 \cdot 16\ \text{g/mol} + 16 \cdot 14\ \text{g/mol} + 31\ \text{g/mol}$$

$$M(AP) = 3550\ \text{g/mol}$$

Entsprechend der Reaktionsgleichung gilt: 1 mol $HPO_4^{2-} \cong$ 1 mol P $\cong$ 1 mol AP. Daraus folgt:

$$\frac{m(AP)}{m(P)} = \frac{M(AP)}{M(P)}$$

$$m(AP) = \frac{M(AP)\,m(P)}{M(P)} = \frac{3550\ \text{g/mol} \cdot 1\ \text{g}}{31\ \text{g/mol}} = \underline{114,5\ \text{g}}\,.$$

Aus 1 g P können somit 114,5 g AP aufgebaut werden.

b) Bei Betrachtung der Rückreaktion gilt: 1 mol AP $\cong$ 138 mol O_2. Damit ergibt sich der Sauerstoffbedarf für die vollständige Oxidation von 1 g AP zu:

$$\frac{m(O_2)}{m(AP)} = \frac{138\,M(O_2)}{M(AP)}$$

$$m(O_2) = \frac{138\,M(O_2)\,m(AP)}{M(AP)} = \frac{138 \cdot 32\ \text{g/mol} \cdot 1\ \text{g}}{3550\ \text{g/mol}} = \underline{1,24\ \text{g}}\,.$$

L 1.15 a) Entsprechend der Reaktionsgleichung wird bei einem Umsatz von 1 mol CO_2 genau 1 mol $CaCO_3$ verbraucht. Es wird zunächst die Stoffmenge des umgesetzten CO_2 berechnet:

$$\Delta n(CO_2) = \frac{\Delta m(CO_2)}{M(CO_2)} = \frac{1\,g}{44\,g/mol} = 0{,}0227\,mol\,.$$

Damit beträgt auch der Verbrauch an $CaCO_3$ 0,0227 mol. Mit der molaren Masse von 100 g/mol ergibt sich daraus:

$$\Delta m\,(CaCO_3) = \Delta n(CaCO_3)\,M(CaCO_3) = 0{,}0227\,mol \cdot 100\,g/mol = \underline{2{,}27\,g}\,.$$

b) Nach der Reaktionsgleichung resultiert aus dem Umsatz von 1 mol/L CO_2 die Auflösung von 1 mol/L Ca^{2+}. Analog zu a) wird zunächst der Stoffumsatz für CO_2 (hier unter Verwendung volumenbezogener Größen) berechnet:

$$\Delta c(CO_2) = \frac{\Delta \beta(CO_2)}{M(CO_2)} = \frac{10\,mg/L}{44\,mg/mmol} = 0{,}227\,mmol/L\,.$$

Damit beträgt die Erhöhung der Stoffmengenkonzentration an Härtebildnern (hier: Ca^{2+}) ebenfalls $\underline{0{,}227\,mmol/L}$.

Lösungen zu Kapitel 2

$\boxed{\text{L 2.1}}$ Die Siedepunktserhöhung wird berechnet nach:

$$\Delta T = i\, c_m K_{eb} \quad \text{mit} \quad i = 1 + (v - 1)\,\alpha.$$

Bei vollständiger Dissoziation ($\alpha = 1$) ist der VAN'T HOFFsche Faktor i gleich v (Anzahl der Teilchen, die bei der Dissoziation aus einer Formeleinheit entstehen). Im Falle der NaCl-Lösung gilt also $i = v = 2$ und

$$\Delta T = 2 \cdot 0{,}5\frac{\text{mol}}{\text{kg}} \cdot 0{,}513\frac{\text{K kg}}{\text{mol}} = \underline{0{,}513\,\text{K}}\,.$$

$\boxed{\text{L 2.2}}$ Die Gefrierpunktserniedrigung berechnet sich nach:

$$\Delta T = i\, c_m K_{kr} \quad \text{mit} \quad i = 1 + (v - 1)\,\alpha.$$

Für $CaCl_2$ gilt $i = v = 3$ (vgl. L 2.1). Damit ergibt sich

$$\Delta T = 3 \cdot 1\frac{\text{mol}}{\text{kg}} \cdot (-1{,}86)\frac{\text{K kg}}{\text{mol}} = \underline{-5{,}58\,\text{K}}\,.$$

$\boxed{\text{L 2.3}}$ Da die zur Berechnung der Gefrierpunktserniedrigung benötigten Molalitäten als Bezugsbasis das Lösungsmittel (mol pro kg Lösungsmittel) haben, müssen zunächst alle Gehaltsangaben auf diese Bezugsbasis umgerechnet werden. 1 kg Lösung enthält 35 g Salz (3,5 %), der Wasseranteil beträgt daher 965 g. Die gegebenen Massenanteile in g pro kg Lösung sind also mit dem Faktor 1000/965 zu multiplizieren, um die auf kg H_2O bezogenen Gehaltsangaben zu erhalten:

Cl^-: 20 g/kg; Na^+: 11,19 g/kg; SO_4^{2-}: 2,8 g/kg; Mg^{2+}: 1,35 g/kg.

Mit den molaren Massen können daraus die Molalitäten berechnet werden ($n = m/M$):

Cl^-: 0,563 mol/kg; Na^+: 0,487 mol/kg; SO_4^{2-}: 0,029 mol/kg; Mg^{2+}: 0,056 mol/kg.

Schließlich ergibt sich die Gefrierpunktserniedrigung unter Berücksichtigung der vier Hauptkomponenten zu

$$\Delta T = \sum c_m\, K_{kr}$$

$$\Delta T = (0{,}563 + 0{,}487 + 0{,}029 + 0{,}056)\frac{\text{mol}}{\text{kg}} \cdot \left(-1{,}86\frac{\text{K kg}}{\text{mol}}\right)$$

$$\Delta T = \underline{-2{,}11\,\text{K}}\,.$$

Unter Berücksichtigung des Gefrierpunktes des reinen Wassers (0 °C) und der berechneten Erniedrigung erhält man für den Gefrierpunkt des Meerwassers den Wert −2,11 °C.

$\boxed{\text{L 2.4}}$ Der osmotische Druck ergibt sich nach: $\pi = \sum c\,R\,T$.

Die Gehaltsangaben der vier Hauptkomponenten sind zunächst in molare Konzentrationen umzurechnen. Aus der Dichte von 1,03 g/cm^3 folgt, daß 1 L Meerwasser eine Masse von 1,03 kg besitzt. Alle Gehaltsangaben in g/kg sind daher mit dem Faktor 1,03 kg/L zu multiplizieren, um volumenbezogene Einheiten zu erhalten:

Cl^-: 19,3 g/kg · 1,03 kg/L = 19,88 g/L; Na^+: 10,8 g/kg · 1,03 kg/L = 11,12 g/L;

SO_4^{2-}: 2,7 g/kg · 1,03 kg/L = 2,78 g/L; Mg^{2+}: 1,3 g/kg · 1,03 kg/L = 1,34 g/L.

Mit Hilfe der molaren Massen kann in molare Konzentrationen umgerechnet werden ($n = m/M$). Man erhält:

Cl^-: 0,56 mol/L; Na^+: 0,48 mol/L; SO_4^{2-}: 0,029 mol/L; Mg^{2+}: 0,055 mol/L.

Der osmotische Druck bei 25 °C (298,15 K) beträgt somit:

$$\pi = (0,56 + 0,48 + 0,029 + 0,055)\ \text{mol/L} \cdot 0,083145\,\frac{\text{bar L}}{\text{mol K}} \cdot 298,15\ \text{K} = \underline{27,86\ \text{bar}}\ .$$

$\boxed{\text{L 2.5}}$ Die Molalität c_m der gelösten Teilchen ergibt sich aus der Gefrierpunktserniedrigung $\Delta T = -3$ K zu

$$c_m = \frac{\Delta T}{K_{kr}} = \frac{-3\ \text{K}}{-1,86\,\dfrac{\text{K kg}}{\text{mol}}} = 1,61\,\frac{\text{mol}}{\text{kg}}\ .$$

Unter der Annahme, daß Molarität und Molalität hier zahlenmäßig gleich sind, gilt auch: $c = 1,61$ mol/L. Damit läßt sich der osmotische Druck für 20 °C ($T = 293,15$ K) berechnen:

$$\pi = c\,R\,T = 1,61\,\frac{\text{mol}}{\text{L}} \cdot 0,083145\,\frac{\text{bar L}}{\text{mol K}} \cdot 293,15\ \text{K} = \underline{39,24\ \text{bar}}\ .$$

$\boxed{\text{L 2.6}}$ Entsprechend der Molalität enthält die wäßrige Lösung 1 mol NaCl pro 1 kg Wasser. Infolge der vollständigen Dissoziation des NaCl verdoppelt sich die Teilchenzahl. Die für die Dampfdruckerniedrigung maßgebliche gelöste Stoffmenge beträgt also 2 mol. Die Stoffmenge des Wassers wird aus der Masse und der molaren Masse berechnet:

$$n(\mathrm{H_2O}) = \frac{m\,(\mathrm{H_2O})}{M\,(\mathrm{H_2O})} = \frac{1000\,\mathrm{g}}{18\,\mathrm{g/mol}} = 55{,}56\,\mathrm{mol}\,.$$

Daraus ergibt sich der wirksame Stoffmengenanteil zu

$$x = \frac{n(\text{wirksame Teilchen})}{n(\text{wirksame Teilchen}) + n(\mathrm{H_2O})} = \frac{2\,\mathrm{mol}}{2\,\mathrm{mol} + 55{,}56\,\mathrm{mol}} = 0{,}0347\,.$$

Die relative Dampfdruckerniedrigung ist demzufolge:

$$\frac{\Delta p}{p_0} = x = \underline{0{,}0347} \quad \text{bzw.} \quad 3{,}47\,\%\,.$$

Für den absoluten Wert des Dampfdrucks der Lösung erhält man:

$$\frac{\Delta p}{p_0} = \frac{p_0 - p}{p_0} = 0{,}0347 \qquad\qquad p_0 - p = 0{,}0347\,p_0$$

$$p = (1 - 0{,}0347)\,p_0 = 0{,}9653\,p_0 = 0{,}9653 \cdot 23{,}18\,\mathrm{mbar} = \underline{22{,}38\,\mathrm{mbar}}\,.$$

$\boxed{\textbf{L 2.7}}$ Da beide Salze vollständig dissoziiert vorliegen (Dissoziationsgrad $\alpha = 1$), erhält man für die VAN'T HOFFschen Faktoren:

NaCl (2 Teilchen pro Formeleinheit, $v = 2$): $i = 1 + (v - 1)\alpha = 2$

CaCl$_2$ (3 Teilchen pro Formeleinheit, $v = 3$): $i = 1 + (v - 1)\alpha = 3$

Wenn beide Lösungen die gleiche Gefrierpunktserniedrigung hervorrufen sollen, kann man ansetzen:

$$\Delta T = K_{kr} \cdot 2 \cdot c_m(\mathrm{NaCl}) = K_{kr} \cdot 3 \cdot c_m(\mathrm{CaCl_2})\,.$$

Daraus ergibt sich:

$$c_m(\mathrm{CaCl_2}) = \frac{2}{3}\,c_m(\mathrm{NaCl}) = \frac{2 \cdot 2\,\mathrm{mol/kg}}{3} = \underline{1{,}33\,\mathrm{mol/kg}}\,.$$

$\boxed{\textbf{L 2.8}}$ Für die Gefrierpunktserniedrigung gilt: $\Delta T = K_{kr}\,c_m\,.$

Um eine Gefrierpunktserniedrigung von 0 °C auf -20 °C ($\Delta T = -20$ K) zu erreichen, muß die Molalität des Ethylenglycols also

$$c_m = \frac{\Delta T}{K_{kr}} = \frac{-20\,\mathrm{K\,mol}}{-1{,}86\,\mathrm{K\,kg}} = 10{,}75\,\mathrm{mol/kg} \quad \text{betragen.}$$

Einem Kilogramm Wasser bzw. einem Liter Wasser (Dichte des Wassers: $1\,\mathrm{g/cm^3}$) sind daher $m = n \cdot M = 10{,}75\,\mathrm{mol} \cdot 62\,\mathrm{g/mol} = 666{,}5\,\mathrm{g}$ Ethylenglycol zuzusetzen. Dies entspricht einem Volumen von

$$V = \frac{m}{\rho} = \frac{666,5 \text{ g}}{1,11 \text{ g/cm}^3} = \underline{600,5 \text{ cm}^3} \ .$$

$\boxed{\textbf{L 2.9}}$ Bedingung für die Realisierung einer Reversosmose ist, daß der äußere Druck größer ist als der osmotische Druck der Lösung. Im vorliegenden Fall gilt für den osmotischen Druck der 0,5 molaren NaCl-Lösung mit $i = 2$ (vollständige Dissoziation des NaCl):

$$\pi = i \, c \, R \, T = 2 \cdot 0,5 \text{ mol/L} \cdot 0,083145 \frac{\text{bar L}}{\text{mol K}} \cdot 298,15 \text{ K} = \underline{24,79 \text{ bar}} \ .$$

Der bei der Reversosmose auf die Lösung auszuübende Druck muß also größer als 24,8 bar sein. Da mit der Aufkonzentrierung durch Lösungsmittelentzug auch der osmotische Druck steigt, sollte der Druck natürlich deutlich höher sein.

Lösungen zu Kapitel 3

L 3.1 In einem idealen Gasgemisch können die Volumenanteile (= Volumen-prozente/100 %) den Stoffmengenanteilen (Molenbrüchen) gleichgesetzt werden. Es gilt daher:

$x(O_2) = 0{,}209;\quad x(N_2) = 0{,}781;\quad x(CO_2) = 0{,}00035.$

Die Partialdrücke werden durch Multiplikation des Gesamtdrucks mit den Molen-brüchen erhalten: $p(O_2) = x(O_2) \cdot P = 0{,}209 \cdot 1\,\text{bar} = 0{,}209\,\text{bar}$.

Analog: $p(N_2) = 0{,}781\,\text{bar};\quad p(CO_2) = 0{,}00035\,\text{bar}.$

Die Gleichgewichtskonzentrationen in der wäßrigen Lösung ergeben sich dann aus dem HENRYschen Gesetz:

$$c(O_2) = H(O_2) \cdot p(O_2) = 1{,}247\,\text{mol}\,\text{m}^{-3}\,\text{bar}^{-1} \cdot 0{,}209\,\text{bar} = 0{,}261\,\text{mol/m}^3$$

$$c(O_2) = 0{,}261 \cdot 10^{-3}\,\text{mol/L}$$

$$\beta(O_2) = c(O_2) \cdot M(O_2) = 0{,}261 \cdot 10^{-3}\,\text{mol/L} \cdot 32\,\text{g/mol} = 8{,}35 \cdot 10^{-3}\,\text{g/L}$$

$$\beta(O_2) = \underline{8{,}35\,\text{mg/L}}\,.$$

Auf analoge Weise erhält man:

$$c(N_2) = 0{,}505 \cdot 10^{-3}\,\text{mol/L} \qquad\qquad \beta(N_2) = \underline{14{,}1\ \text{mg/L}}$$

$$c(CO_2) = 1{,}17 \cdot 10^{-5}\,\text{mol/L} \qquad\qquad \beta(CO_2) = \underline{0{,}51\ \text{mg/L}}\,.$$

L 3.2 Die Berechnung erfolgt analog zu L 3.1:

Molenbruch = Volumenprozent/100 % $\Rightarrow\ x(O_2) = 0{,}209$

Partialdruck des Sauerstoffs: $p(O_2) = x(O_2)\,P = 0{,}209 \cdot 1{,}03\,\text{bar} = 0{,}215\,\text{bar}$

HENRYsches Gesetz: $c(O_2) = H(O_2)\,p(O_2)$

$$c(O_2) = 1{,}674\,\frac{\text{mol}}{\text{m}^3\,\text{bar}} \cdot 0{,}215\,\text{bar} = 0{,}36\,\text{mol/m}^3 = \underline{0{,}36 \cdot 10^{-3}\ \text{mol/L}}$$

$$\beta(O_2) = c(O_2)M(O_2) = 0{,}36 \cdot 10^{-3}\,\text{mol/L} \cdot 32\,\text{g/mol} = 0{,}0115\,\text{g/L} = \underline{11{,}5\,\text{mg/L}}\,.$$

L 3.3 Der Partialdruck des CO_2 in der Atmosphäre beträgt 0,00035 bar (s. L 3.1). Der Partialdruck in der Bodenluft soll 50 mal größer sein, beträgt somit also 0,0175 bar. Damit ergibt sich die molare Gleichgewichtskonzentration zu:

$$c(\mathrm{CO}_2) = H(\mathrm{CO}_2)\, p(\mathrm{CO}_2) = 52{,}47\,\frac{\mathrm{mol}}{\mathrm{m}^3\,\mathrm{bar}} \cdot 0{,}0175\ \mathrm{bar} = 0{,}918\ \mathrm{mol/m}^3$$

$$c(\mathrm{CO}_2) = 0{,}918 \cdot 10^{-3}\ \mathrm{mol/L}\,.$$

Für die Massenkonzentration folgt daraus:

$$\beta(\mathrm{CO}_2) = M(\mathrm{CO}_2)\, c(\mathrm{CO}_2) = 44\ \mathrm{g/mol} \cdot 0{,}918 \cdot 10^{-3}\ \mathrm{mol/L} = 0{,}0404\ \mathrm{g/L}$$

$$\underline{\beta(\mathrm{CO}_2) = 40{,}4\ \mathrm{mg/L}}\,.$$

$\boxed{\textbf{L 3.4}}$ Für beide Temperaturen gilt natürlich das HENRYsche Gesetz:

$$c(\mathrm{O}_2) = H(\mathrm{O}_2)\, p(\mathrm{O}_2) \quad \text{bzw.} \quad c(\mathrm{O}_2) = H(\mathrm{O}_2)\, x(\mathrm{O}_2)\, P\,.$$

Da p (bzw. $x\,P$) für beide Temperaturen als gleich angenommen werden kann, verhalten sich die Löslichkeiten wie die HENRY-Konstanten:

$$\frac{c(\mathrm{O}_2)\ \text{bei}\ 25\,^\circ\mathrm{C}}{c(\mathrm{O}_2)\ \text{bei}\ 10\,^\circ\mathrm{C}} = \frac{H(\mathrm{O}_2)\ \text{bei}\ 25\,^\circ\mathrm{C}}{H(\mathrm{O}_2)\ \text{bei}\ 10\,^\circ\mathrm{C}} = \frac{1{,}247}{1{,}674} = \underline{0{,}745}\,.$$

Bei Erhöhung der Wassertemperatur von 10 °C auf 25 °C sinkt die Löslichkeit des Sauerstoffs also auf 74,5 % des Ausgangswertes.

$\boxed{\textbf{L 3.5}}$ Aus dem HENRYschen Gesetz folgt

$$H(\mathrm{X}) = \frac{c_w(\mathrm{X})}{p(\mathrm{X})}$$

mit c_w als Konzentration in der wäßrigen Phase.

Unter Verwendung der Zustandsgleichung idealer Gase und unter Berücksichtigung der Definition der molaren Konzentration ($c = n/V$) kann der Partialdruck p durch die molare Konzentration in der Gasphase c_g substituiert werden:

$$p(\mathrm{X})\,V = n_g(\mathrm{X})\,R\,T \quad \Rightarrow \quad p(\mathrm{X}) = c_g(\mathrm{X})\,R\,T$$

Damit ergibt sich:

$$H(\mathrm{X}) = \frac{c_w(\mathrm{X})}{c_g(\mathrm{X})\,R\,T} \quad \Rightarrow \quad K(\mathrm{X}) = \frac{c_w(\mathrm{X})}{c_g(\mathrm{X})} = H(\mathrm{X})\,R\,T\,.$$

Mit $R = 0{,}083145$ bar L mol^{-1} K^{-1} und $T = 298{,}15$ K (25 °C) läßt sich der Verteilungskoeffizient K für Sauerstoff berechnen:

$$K(\mathrm{O}_2) = H(\mathrm{O}_2)\,R\,T$$

$$K(\mathrm{O}_2) = 1{,}247\,\frac{\mathrm{mol}}{\mathrm{m}^3\,\mathrm{bar}} \cdot 0{,}083145\,\frac{\mathrm{bar\ L}}{\mathrm{mol\ K}} \cdot 298{,}15\ \mathrm{K} \cdot \frac{\mathrm{m}^3}{1000\ \mathrm{L}} = \underline{0{,}031}\,.$$

In gleicher Weise erhält man $K(N_2) = \underline{0{,}016}$ und $K(CO_2) = \underline{0{,}83}$.

$\boxed{\textbf{L 3.6}}$ Der Verteilungskoeffizient $K = c_w / c_g$ ergibt sich nach $K = H \cdot R \cdot T$ (vgl. Lösung L 3.5) mit $R = 0{,}083145$ bar L mol^{-1} K^{-1} und $T = 293{,}15$ K zu:

$K = 0{,}078$ mol L^{-1} bar^{-1} $\cdot$ $0{,}083145$ bar L mol^{-1} K^{-1} $\cdot$ $293{,}15$ K $= 1{,}9$.

Dieser Zahlenwert des Verteilungskoeffizienten gilt auch bei Verwendung von Massenkonzentrationen, da sich der Quotient bei Multiplikation von Zähler und Nenner mit der gleichen molaren Masse nicht ändert: $K = (c_w \, M) / (c_g \, M) = \beta_w / \beta_g$.

In einem geschlossenen System bleibt die Gesamtmasse konstant. Unter Verwendung des Verteilungskoeffizienten K und unter Berücksichtigung der Definitionsgleichung für die Massenkonzentration ($\beta = m/V$) kann die folgende Bilanz aufgestellt werden:

$$m_T = m_g + m_w = \beta_g \, V_g + \beta_w \, V_w = \beta_g \left(V_g + \frac{\beta_w}{\beta_g} V_w \right) = \beta_g \left(V_g + K \, V_w \right).$$

Die Gesamtmasse m_T erhält man durch Multiplikation der Anfangskonzentration mit dem Lösungsvolumen:

Flasche 1: $m_T = 100$ mg/L $\cdot$ $0{,}5$ L $= 50$ mg

Flasche 2: $m_T = 100$ mg/L $\cdot$ $0{,}2$ L $= 20$ mg.

Damit kann zunächst die Gasphasenkonzentration und danach mit Hilfe des Verteilungskoeffizienten auch die Konzentration in der Lösung berechnet werden.

Flasche 1:

$$\beta_g = \frac{m_T}{V_g + K \, V_w} = \frac{50 \text{ mg}}{0{,}5 \text{ L} + 1{,}9 \cdot 0{,}5 \text{ L}} = 34{,}48 \text{ mg/L}$$

$$\beta_w = K \, \beta_g = 1{,}9 \cdot 34{,}48 \text{ mg/L} = \underline{65{,}51 \text{ mg/L}}$$

Flasche 2:

$$\beta_g = \frac{m_T}{V_g + K \, V_w} = \frac{20 \text{ mg}}{0{,}8 \text{ L} + 1{,}9 \cdot 0{,}2 \text{ L}} = 16{,}95 \text{ mg/L}$$

$$\beta_w = K \, \beta_g = 1{,}9 \cdot 16{,}95 \text{ mg/L} = \underline{32{,}21 \text{ mg/L}}$$

Die 1,1,1-Trichlorethan-Konzentration der Lösung in der Flasche 1 verringert sich durch das Ausgasen von 100 mg/L auf 65,51 mg/L, in der Flasche 2 wegen des größeren Gasraumes sogar auf 32,21 mg/L.

Alternativer Lösungsweg:

Bezeichnet man die aus der Wasserphase in die Gasphase übergehende Masse an

Trichlorethan mit x, so gilt für die Konzentrationen nach Einstellung des Gleichgewichts (für Flasche 1):

$$\beta_w = \frac{50\,\text{mg} - x\,\text{mg}}{0,5\,\text{L}} \qquad \beta_g = \frac{x\,\text{mg}}{0,5\,\text{L}}.$$

x läßt sich aus dem Verteilungsgleichgewicht berechnen:

$$K = \frac{\beta_w}{\beta_g} = \frac{(50-x)\,\text{mg}}{x\,\text{mg}} \cdot \frac{0,5\,\text{L}}{0,5\,\text{L}} = \frac{50-x}{x} = 1,9 \quad \Rightarrow \quad x = \frac{50}{2,9} = 17,24.$$

Damit erhält man für die Konzentration in der Wasserphase:

$$\beta_w = \frac{(50-17,24)\,\text{mg}}{0,5\,\text{L}} = 65,52\,\text{mg/L}.$$

Die analoge Berechnung für die Flasche 2 ergibt:

$$\beta_w = \frac{20\,\text{mg} - x\,\text{mg}}{0,2\,\text{L}} \qquad \beta_g = \frac{x\,\text{mg}}{0,8\,\text{L}}$$

$$K = \frac{\beta_w}{\beta_g} = \frac{(20-x)\,\text{mg}}{x\,\text{mg}} \cdot \frac{0,8\,\text{L}}{0,2\,\text{L}} = \frac{20-x}{x} \cdot 4 = \frac{80-4x}{x} = 1,9 \quad \Rightarrow \quad x = \frac{80}{5,9} = 13,56$$

$$\beta_w = \frac{(20-13,56)\,\text{mg}}{0,2\,\text{L}} = 32,20\,\text{mg/L}.$$

Die geringfügigen Differenzen gegenüber der ersten Lösung resultieren aus der Rundung von Zwischenergebnissen.

$\boxed{\text{L 3.7}}$ Die Grenze der mechanischen Entsäuerung ist durch die Wasserlöslichkeit des CO_2 im Gleichgewicht mit dem CO_2 der Luft gegeben. Mit dem Partialdruck des CO_2 in der Luft ($p(CO_2) = 0,00035$ bar) folgt aus dem HENRYschen Gesetz:

$$c(CO_2) = H(CO_2)\,p(CO_2) = 52,47\,\text{mol m}^{-3}\,\text{bar}^{-1} \cdot 0,00035\,\text{bar} = 0,0184\,\text{mol/m}^3$$
$$c(CO_2) = 0,0184\,\text{mmol/L}.$$

Es können daher in diesem Fall maximal $(1\,\text{mmol/L} - 0,0184\,\text{mmol/L}) = 0,9816$ mmol/L oder $0,9816$ mmol/L $\cdot$ 44 mg/mmol = $\underline{43,19\text{ mg/L}}$ CO_2 entfernt werden. Dies entspricht einer prozentualen Elimination von

$$\frac{43,19\,\text{mg/L} \cdot 100\,\%}{44\,\text{mg/L}} = \frac{0,9816\,\text{mmol/L} \cdot 100\,\%}{1\,\text{mmol/L}} = 98,16\,\%.$$

$\boxed{\textbf{L 3.8}}$ Besteht die Gasphase nur aus einer Komponente, so ist der Partialdruck gleich dem Gesamtdruck, hier also 1 bar. Damit ergibt sich die molare Löslichkeit nach dem HENRYschen Gesetz:

$$c(O_2) = H(O_2)\,p(O_2) = 1{,}674\,\frac{\text{mol}}{\text{m}^3\,\text{bar}} \cdot 1\,\text{bar}\,\frac{\text{m}^3}{1000\,\text{L}} = 1{,}674 \cdot 10^{-3}\ \text{mol/L}\,.$$

Die Umrechnung in Massenkonzentration liefert:

$$\beta(O_2) = c(O_2)\,M(O_2) = 1{,}674 \cdot 10^{-3}\,\text{mol/L} \cdot 32\,\text{g/mol} = 0{,}0536\ \text{g/L}$$

$$\beta(O_2) = \underline{53{,}6\ \text{mg/L}}\,.$$

Nach dem HENRYschen Gesetz muß das Verhältnis der Löslichkeiten von reinem Sauerstoff c_1 und Luftsauerstoff c_2 dem Verhältnis der Partialdrücke $p_1{:}p_2$ entsprechen, wobei als O_2-Partialdruck in der Luft $p(O_2) = 0{,}209$ bar einzusetzen ist (vgl. L 3.1):

$$\frac{c_1(O_2)}{c_2(O_2)} = \frac{H(O_2)\,p_1(O_2)}{H(O_2)\,p_2(O_2)} = \frac{p_1(O_2)}{p_2(O_2)} = \frac{1\,\text{bar}}{0{,}209\,\text{bar}} = \underline{4{,}78}\,.$$

Bei einer Begasung mit reinem Sauerstoff kann die O_2-Konzentration im Wasser im Vergleich zu einer Belüftung also um den Faktor 4,78 erhöht werden.

Lösungen zu Kapitel 4

L 4.1 Die Konzentration an Protonen ergibt sich nach

$$p\mathrm{H} = -\lg c(\mathrm{H}^+) \quad \text{zu} \quad c(\mathrm{H}^+) = 10^{-7,5}\,\mathrm{mol/L} = \underline{3{,}16 \cdot 10^{-8}\,\mathrm{mol/L}}.$$

Mit $K_W = c(\mathrm{H}^+)\,c(\mathrm{OH}^-)$ bzw. $pK_W = p\mathrm{H} + p\mathrm{OH}$

erhält man außerdem $p\mathrm{OH} = -\lg c(\mathrm{OH}^-) = 14 - 7{,}5 = 6{,}5$

und $c(\mathrm{OH}^-) = 10^{-6,5}\,\mathrm{mol/L} = \underline{3{,}16 \cdot 10^{-7}\,\mathrm{mol/L}}.$

L 4.2 Das Ionenprodukt des Wassers lautet in logarithmischer Schreibweise:
$p\mathrm{H} + p\mathrm{OH} = pK_W$.

In reinem Wasser liegt Neutralität vor, wenn die Konzentration der Protonen gleich der Konzentration der Hydroxidionen ist: $p\mathrm{H} = p\mathrm{OH}$.

Für den Neutralpunkt bei 30 °C gilt dann nach Substitution von $p\mathrm{OH}$ durch $p\mathrm{H}$:

$$p\mathrm{H} = \frac{1}{2}\,pK_W = \frac{13{,}84}{2} = \underline{6{,}92}\,.$$

L 4.3 a) Entsprechend der Aufgabenstellung soll der Beitrag der Protonen zur Kationenbilanz weniger als 10 % von 7,5 mmol/L Kationenäquivalente (= 0,75 mmol/L) betragen.

Für die Protonen mit der Ladung $z = 1$ gilt, daß die Äquivalentkonzentration gleich der Stoffmengenkonzentration ist. Dementsprechend ist die Grenzkonzentration:

$$c(\mathrm{H}^+) = 0{,}75\,\mathrm{mmol/L} = 7{,}5 \cdot 10^{-4}\,\mathrm{mol/L}.$$

Das entspricht einem Grenz-$p\mathrm{H}$-Wert von

$$p\mathrm{H} = -\lg c(\mathrm{H}^+) = -\lg(7{,}5 \cdot 10^{-4}) = \underline{3{,}12}\,.$$

Unterhalb dieses $p\mathrm{H}$-Wertes (höhere Protonenkonzentration) wird der Fehler durch Vernachlässigung der Protonen größer als der vorgegebene Wert.

b) Analog ergibt sich für 10 % von 1 mmol/L:

$$c(\mathrm{H}^+) = 0{,}1\,\mathrm{mmol/L} = 1 \cdot 10^{-4}\,\mathrm{mol/L} \;\Rightarrow\; p\mathrm{H} = -\lg c(\mathrm{H}^+) = -\lg(1 \cdot 10^{-4}) = \underline{4}\,.$$

$\boxed{\textbf{L 4.4}}$ Im allgemeinen Fall gilt, daß die Ausgangskonzentration c_0 einer Säure gleich der Summe der Gleichgewichtskonzentrationen der undissoziierten Säure und des durch Dissoziation gebildeten Anions ist (Erhaltung der Masse):

$$c_0(\text{Säure}) = c(\text{undiss. Säure}) + c(\text{Anion}).$$

Unter bestimmten Bedingungen kann ein Summand der rechten Seite vernachlässigt werden.

Fall 1: sehr starke Säure HCl

Die sehr starke Säure HCl dissoziiert vollständig ($c(\text{undiss. Säure}) = 0$), wobei pro mol Cl^- genau ein mol H^+ gebildet wird:

$$c_0(\text{HCl}) = c(\text{Cl}^-) = c(\text{H}^+).$$

Mit $c_0(\text{HCl}) = 0{,}01$ mol/L ergibt sich daraus $c(\text{H}^+) = 0{,}01$ mol/L bzw.

$$p\text{H} = -\lg c(\text{H}^+) = \underline{2}.$$

Fall 2: schwache Säure Phenol

Bei schwachen Säuren ist die Konzentration der gebildeten Anionen sehr viel kleiner als die Konzentration der im Gleichgewicht noch undissoziiert vorliegenden Säure. Es gilt daher näherungsweise

$$c_0(\text{Phenol}) = c(\text{Phenol}).$$

Als Gleichgewichtsbeziehung ergibt sich unter Berücksichtigung von

$$c(\text{H}^+) = c(\text{Phenolat}) \quad (\text{wegen } \text{C}_6\text{H}_5\text{OH} \rightleftharpoons \text{H}^+ + \text{C}_6\text{H}_5\text{O}^-):$$

$$K_S(\text{Phenol}) = \frac{c(\text{H}^+)\,c(\text{Phenolat})}{c(\text{Phenol})} = \frac{c(\text{H}^+)\,c(\text{Phenolat})}{c_0(\text{Phenol})} = \frac{c^2(\text{H}^+)}{c_0(\text{Phenol})}.$$

Damit läßt sich der $p\text{H}$-Wert berechnen:

$$c(\text{H}^+) = \sqrt{K_S(\text{Phenol})\,c_0(\text{Phenol})} = \sqrt{10^{-10}\,\text{mol/L} \cdot 10^{-2}\,\text{mol/L}} = \sqrt{10^{-12}\,\text{mol}^2/\text{L}^2}$$

$$c(\text{H}^+) = 10^{-6}\,\text{mol/L} \quad \Rightarrow \quad p\text{H} = -\lg c(\text{H}^+) = \underline{6}.$$

Hinweis: Die angegebene Lösungsgleichung kann auch in logarithmischer Form verwendet werden:

$$p\text{H} = 0{,}5\,(pK_S - \lg c_0) = 0{,}5\,(10 + 2) = \underline{6}.$$

$\boxed{\textbf{L 4.5}}$ Zuerst wird K_S aus dem pK_S-Wert berechnet:

$$K_S = 10^{-pK_S} = 10^{-9{,}4}\,\text{mol/L} = 3{,}98 \cdot 10^{-10}\,\text{mol/L}.$$

Danach werden die Massenkonzentrationen $\beta_0 = 10$ g/L und $\beta_0 = 1$ g/L in molare

Konzentrationen umgerechnet. Mit der molaren Masse des 4-Chlorphenols von 128,5 g/mol ergeben sich die Konzentrationen c_0(4-CP) = 7,78$\cdot10^{-2}$ mol/L und c_0(4-CP) = 7,78$\cdot10^{-3}$ mol/L ($c = \beta/M$).

Weiterhin ist zu beachten, daß bei der Protolyse pro mol Anion genau ein mol H^+ entsteht. Da es sich hier um eine schwache Säure handelt, kann als Gleichgewichtskonzentration näherungsweise die Ausgangskonzentration (siehe L 4.4) eingesetzt werden. Bezeichnet man das 4-Chlorphenol als HA und das Anion als A^-, so ergibt sich

$$K_S = \frac{c(H^+)\, c(A^-)}{c(HA)} = \frac{c^2(H^+)}{c(HA)} = \frac{c^2(H^+)}{c_0(HA)}$$

und mit c_0 = 7,78$\cdot10^{-2}$ mol/L

$$c(H^+) = \sqrt{K_S\, c_0(HA)} = \sqrt{3,98\cdot10^{-10}\,\text{mol/L}\cdot 7,78\cdot10^{-2}\,\text{mol/L}} = 5,56\cdot10^{-6}\,\text{mol/L}.$$

Der pH-Wert als negativer dekadischer Logarithmus der Wasserstoffionenkonzentration ist dementsprechend:

$$p\text{H} = -\lg c(H^+) = -\lg(5,56\cdot10^{-6}) = \underline{5,25}.$$

Für die Konzentration c_0 = 7,78$\cdot10^{-3}$ mol/L ergibt sich auf analogem Wege ein pH-Wert von $p\text{H} = -\lg(1,76\cdot10^{-6}) = \underline{5,75}$.

$\boxed{\textbf{L 4.6}}$ a) Die Säurekonstante bezieht sich auf die Reaktion

$$C_6H_5NH_3^+ \rightleftharpoons C_6H_5NH_2 + H^+ \quad \text{mit} \quad K_S = \frac{c(C_6H_5NH_2)\, c(H^+)}{c(C_6H_5NH_3^+)}.$$

Für die Base $C_6H_5NH_2$ gilt:

$$C_6H_5NH_2 + H_2O \rightleftharpoons C_6H_5NH_3^+ + OH^- \quad \text{mit} \quad K_B = \frac{c(C_6H_5NH_3^+)\, c(OH^-)}{c(C_6H_5NH_2)}.$$

Multiplikation der beiden Gleichungen führt zu:

$$K_S\, K_B = \frac{c(C_6H_5NH_2)\, c(H^+)}{c(C_6H_5NH_3^+)}\, \frac{c(C_6H_5NH_3^+)\, c(OH^-)}{c(C_6H_5NH_2)} = c(H^+)\, c(OH^-) = K_W$$

oder in logarithmischer Form: $pK_S + pK_B = pK_W$.

Damit erhält man

$$K_B = \frac{K_W}{K_S} = \frac{1\cdot10^{-14}\,\text{mol}^2/\text{L}^2}{2,63\cdot10^{-5}\,\text{mol/L}} = 3,8\cdot10^{-10}\,\text{mol/L} \quad \Rightarrow pK_B = -\lg K_B = \underline{9,42}$$

oder auf anderem Wege

$$pK_B = pK_W - pK_S = 14 - 4{,}58 = \underline{9{,}42}$$

$$K_B = 10^{-pK_B} = 10^{-9{,}42}\,\text{mol/L} = \underline{3{,}8 \cdot 10^{-10}\,\text{mol/L}}\ .$$

b) Vergleicht man die angegebene Reaktionsgleichung mit der Gleichung für die Protolyse des protonierten Anilins, so erkennt man, daß sich beide Reaktionen nur durch die Richtung unterscheiden. Für die Konstanten bedeutet dies, daß sie sich wie Wert zu Kehrwert verhalten. Für die gesuchte Konstante, die hier mit K^* bezeichnet werden soll, gilt also:

$$K^* = \frac{1}{K_S} = \frac{1}{2{,}63 \cdot 10^{-5}\,\text{mol/L}} = \underline{3{,}8 \cdot 10^4\,\text{L/mol}}\ .$$

Natürlich kann K^* auch über K_B berechnet werden. Der Zusammenhang zwischen diesen beiden Größen ist gegeben durch:

$$\frac{K_B}{K^*} = \frac{c(\mathrm{C_6H_5NH_3^+})\,c(\mathrm{OH^-})}{c(\mathrm{C_6H_5NH_2})}\,\frac{c(\mathrm{C_6H_5NH_2})\,c(\mathrm{H^+})}{c(\mathrm{C_6H_5NH_3^+})} = K_W\ .$$

Damit ergibt sich für K^*:

$$K^* = \frac{K_B}{K_W} = \frac{3{,}8 \cdot 10^{-10}\,\text{mol/L}}{1 \cdot 10^{-14}\,\text{mol}^2/\text{L}^2} = \underline{3{,}8 \cdot 10^4\,\text{L/mol}}\ .$$

c) Man geht zweckmäßigerweise von der Säurekonstante aus:

$$K_S = \frac{c(\mathrm{C_6H_5NH_2})\,c(\mathrm{H^+})}{c(\mathrm{C_6H_5NH_3^+})}\ .$$

Für das gesuchte Verhältnis bei $p\mathrm{H} = 6$ ($c(\mathrm{H^+}) = 1 \cdot 10^{-6}$ mol/L) ergibt sich damit:

$$\frac{c(\mathrm{C_6H_5NH_3^+})}{c(\mathrm{C_6H_5NH_2})} = \frac{c(\mathrm{H^+})}{K_S} = \frac{1 \cdot 10^{-6}\,\text{mol/L}}{2{,}63 \cdot 10^{-5}\,\text{mol/L}} = \underline{0{,}038}\ .$$

Erwartungsgemäß liegt Anilin bei diesem pH-Wert ($p\mathrm{H} > pK_S$) nur in geringem Umfang protoniert vor.

$\boxed{\textbf{L 4.7}}$ Ammoniumchlorid dissoziiert beim Lösen entsprechend der Gleichung

$$\mathrm{NH_4Cl} \rightleftharpoons \mathrm{NH_4^+} + \mathrm{Cl^-}\ .$$

Die Salzsäure HCl (korrespondierende Säure zur Base Cl$^-$) ist – wie der pK_S-Wert zeigt – eine sehr starke, vollständig dissoziierende Säure. Eine Rückbildung von HCl aus Cl$^-$ durch Reaktion mit den Protonen des Wassers ist daher auszuschließen. Das Ammoniumion ist dagegen eine schwache Säure und reagiert mit Wasser unter Bildung der korrespondierenden Base NH_3:

$$NH_4^+ + H_2O \rightleftharpoons H_3O^+ + NH_3 \quad \text{bzw.} \quad NH_4^+ \rightleftharpoons H^+ + NH_3 \,.$$

Diese Reaktion bestimmt somit den pH-Wert der Lösung. Die Berechnung erfolgt analog zu L 4.4 (Fall 2) mit

$$c(NH_4^+) \approx c_0(NH_4^+) = c_0(NH_4Cl) = 0,1 \text{ mol/L} \quad \text{und} \quad c(NH_3) = c(H^+)\,.$$

Man erhält dann:

$$K_S(NH_4^+) = \frac{c(H^+)\,c(NH_3)}{c(NH_4^+)} = \frac{c^2(H^+)}{c_0(NH_4^+)}$$

$$c(H^+) = \sqrt{K_S(NH_4^+)\,c_0(NH_4^+)} = \sqrt{10^{-9.25}\text{ mol/L}\cdot 10^{-1}\text{ mol/L}}$$

$$c(H^+) = 7,5\cdot 10^{-6}\text{ mol/L} \;\Rightarrow\; p\text{H} = \underline{5{,}13}\,.$$

L 4.8 Die alkalische Reaktion des Na_2CO_3 resultiert aus der teilweisen Umsetzung von CO_3^{2-} zu HCO_3^- nach

$$CO_3^{2-} + H_2O \rightleftharpoons HCO_3^- + OH^-\,.$$

Die Na^+-Ionen unterliegen nicht der Protolyse, da Natronlauge eine sehr starke Base ist.

Die Gleichgewichtskonstante dieser Reaktion (Basekonstante des CO_3^{2-}) kann aus K_W und K_S berechnet werden (vgl. L 4.6):

$$K_B = \frac{c(HCO_3^-)\,c(OH^-)}{c(CO_3^{2-})} = \frac{K_W}{K_S} = \frac{10^{-14}\text{ mol}^2/\text{L}^2}{10^{-10,3}\text{ mol/L}} = 2\cdot 10^{-4}\text{ mol/L}.$$

Schreibt man die Gleichgewichtskonzentrationen als Anteile an der Ausgangskonzentration ($c_0\,(Na_2CO_3) = c_0\,(CO_3^{2-}) = 1$ mol/L) und berücksichtigt, daß OH^- und HCO_3^- in äquimolaren Mengen entstehen, so ergibt sich:

$$c(HCO_3^-) = c(OH^-) = \alpha\,c_0$$

$$c(CO_3^{2-}) = (1-\alpha)\,c_0$$

und

$$K_B = \frac{\alpha\,c_0\,\alpha\,c_0}{(1-\alpha)\,c_0} = \frac{\alpha^2}{(1-\alpha)}c_0\,.$$

Die Lösung der daraus resultierenden quadratischen Gleichung

$$\alpha^2 + \frac{K_B}{c_0}\,\alpha - \frac{K_B}{c_0} = 0 \quad \text{lautet:}$$

$$\alpha^2 + 2\cdot 10^{-4}\,\alpha - 2\cdot 10^{-4} = 0$$

$$\alpha_{1,2} = -1\cdot 10^{-4} \pm \sqrt{1\cdot 10^{-8} + 2\cdot 10^{-4}}$$

$$\alpha = -1\cdot 10^{-4} + 0{,}0141 = 0{,}014\,.$$

Damit ergibt sich:

$$c(\mathrm{OH^-}) = \alpha\,c_0 = 0{,}014\cdot 1\ \mathrm{mol/L} = 0{,}014\ \mathrm{mol/L} \quad \text{und} \quad p\mathrm{OH} = -\lg c(\mathrm{OH^-}) = 1{,}85$$

$$p\mathrm{H} = pK_W - p\mathrm{OH} = 14 - 1{,}85 = \underline{12{,}15}\,.$$

Anstelle der exakten Berechnung ist im vorliegenden Fall auch eine Näherungslösung möglich. Wenn man in Rechnung stellt, daß CO_3^{2-} keine sehr starke Base ist, so kann man annehmen, daß $c(\mathrm{OH^-}) \ll c_0(\mathrm{CO_3^{2-}})$ gilt. Daraus folgt $c_0(\mathrm{CO_3^{2-}}) \approx c(\mathrm{CO_3^{2-}})$, und für die Basekonstante ergibt sich:

$$K_B = \frac{c(\mathrm{HCO_3^-})\,c(\mathrm{OH^-})}{c_0(\mathrm{CO_3^{2-}})} = \frac{c^2(\mathrm{OH^-})}{c_0(\mathrm{CO_3^{2-}})}\,.$$

Damit erhält man

$$c(\mathrm{OH^-}) = \sqrt{K_B\,c_0(\mathrm{CO_3^{2-}})} = \sqrt{2\cdot 10^{-4}\ \mathrm{mol/L}\cdot 1\ \mathrm{mol/L}} = 0{,}0141\ \mathrm{mol/L} \quad \text{und}$$

$$p\mathrm{OH} = -\lg c(\mathrm{OH^-}) = 1{,}85 \quad \text{sowie} \quad p\mathrm{H} = pK_W - p\mathrm{OH} = 14 - 1{,}85 = \underline{12{,}15}\,.$$

Zur exakten Lösung besteht hier also kein Unterschied.

Natürlich könnte man – analog zur exakten Lösung – auch über die Konzentrationsanteile gehen. Mit der oben getroffenen Annahme gilt:

$$K_B = \frac{\alpha\,c_0\,\alpha\,c_0}{c_0} = \alpha^2\,c_0$$

$$\alpha = \sqrt{\frac{K_B}{c_0}} = \sqrt{\frac{2\cdot 10^{-4}\ \mathrm{mol/L}}{1\ \mathrm{mol/L}}} = 0{,}0141$$

$$c(\mathrm{OH^-}) = \alpha\cdot c_0 = 0{,}0141\cdot 1\ \mathrm{mol/L} = 0{,}0141\ \mathrm{mol/L}\ \text{(s.o)}.$$

$\boxed{\text{L 4.9}}$ Die Gleichgewichtskonzentration des CO_2 in der wäßrigen Phase ergibt sich nach dem HENRYschen Gesetz (vgl. auch Kapitel 3, L 3.1) zu

$$c(\mathrm{CO_2}) = H(\mathrm{CO_2})\,p(\mathrm{CO_2}) = 33{,}42\,\frac{\mathrm{mol}}{\mathrm{m^3\ bar}}\cdot\frac{\mathrm{m^3}}{1000\ \mathrm{L}}\cdot 0{,}00035\ \mathrm{bar}$$

$$c(CO_2) = 1{,}17 \cdot 10^{-5} \text{ mol/L}.$$

Aus dem pK_S-Wert von 6,3 für CO_2 folgt $K_S = 5{,}01 \cdot 10^{-7}$ mol/L. Da bei der Protolyse von Kohlendioxid H^+ und HCO_3^- in äquimolaren Mengen entstehen, kann das Massenwirkungsgesetz wie folgt formuliert werden:

$$K_S = \frac{c(H^+)\, c(HCO_3^-)}{c(CO_2)} = \frac{c^2(H^+)}{c(CO_2)}.$$

Umstellen und Einsetzen der bekannten Größen liefert:

$$c(H^+) = \sqrt{K_S\, c(CO_2)} = \sqrt{5{,}01 \cdot 10^{-7}\,\text{mol/L} \cdot 1{,}17 \cdot 10^{-5}\,\text{mol/L}} = 2{,}42 \cdot 10^{-6}\,\text{mol/L}.$$

Der pH-Wert ergibt sich schließlich zu

$$pH = -\lg c(H^+) = \underline{5{,}62}.$$

$\boxed{\textbf{L 4.10}}$ Für die Protolyse des Hexaquoeisen(III)-Ions

$$[Fe(H_2O)_6]^{3+} \rightleftharpoons H^+ + [Fe(H_2O)_5OH]^{2+}$$

gilt mit $c(H^+) = c([Fe(H_2O)_5OH]^{2+})$

und $c([Fe(H_2O)_6]^{3+}) = c_0([Fe(H_2O)_6]^{3+}) - c(H^+)$:

$$K_S = \frac{c^2(H^+)}{c_0 - c(H^+)}.$$

Wegen des pK_S-Wertes von 2,2 (starke Säure) ist eine weitergehende Vereinfachung (Vernachlässigung von $c(H^+)$ im Nenner) hier nicht möglich.
Die Lösung der quadratischen Gleichung nach

$$c(H^+) = -\frac{K_S}{2} \pm \sqrt{\frac{K_S^2}{4} + K_S\, c_0}$$

mit $K_S = 10^{-2{,}2}$ mol/L $= 6{,}31 \cdot 10^{-3}$ mol/L

liefert:

$$c_{1,2}(H^+) = -3{,}16 \cdot 10^{-3}\text{ mol/L} \pm \sqrt{9{,}99 \cdot 10^{-6}\,\text{mol}^2/\text{L}^2 + 6{,}31 \cdot 10^{-3}\,\text{mol/L} \cdot 0{,}05\,\text{mol/L}}$$

$$c(H^+) = 0{,}0149 \text{ mol/L} \quad \text{bzw.} \quad pH = \underline{1{,}83}.$$

Die vereinfachte Lösung mit

$$c_0([Fe(H_2O)_6]^{3+}) \approx c([Fe(H_2O)_6]^{3+}) \quad \text{bzw.} \quad c(H^+) \ll c_0([Fe(H_2O)_6]^{3+})$$

führt hier zu einem abweichenden Ergebnis:

$$c(\text{H}^+) = \sqrt{K_S\, c_0} = \sqrt{6{,}31\cdot 10^{-3}\ \text{mol/L}\cdot 0{,}05\ \text{mol/L}} = 0{,}0178\ \text{mol/L}\quad \text{bzw.}$$

$$p\text{H} = \underline{1{,}75}\,.$$

L 4.11 Das Massenwirkungsgesetz für die Dissoziation einer Säure lautet:

$$K_S = \frac{c(\text{H}^+)\,c(\text{A}^-)}{c(\text{HA})}\quad \text{oder umgestellt}\quad \frac{K_S}{c(\text{H}^+)} = \frac{c(\text{A}^-)}{c(\text{HA})}\,.$$

a) $p\text{H} = pK_S$:

$$c(\text{H}^+) = 10^{-p\text{H}} = 10^{-pK_S} = K_S \quad\Rightarrow\quad \frac{K_S}{c(\text{H}^+)} = \frac{c(\text{A}^-)}{c(\text{HA})} = 1$$

$$\alpha = \frac{c(\text{A}^-)}{c(\text{A}^-)+c(\text{HA})} \approx \frac{c(\text{A}^-)}{c(\text{A}^-)+c(\text{A}^-)} = \frac{1}{2} = \underline{0{,}5}$$

b) $p\text{H} = pK_S - 2$:

$$c(\text{H}^+) = 10^{-p\text{H}} = 10^{-(pK_S-2)} = 10^{-pK_S}\cdot 10^{+2} = K_S\cdot 100$$

$$\frac{K_S}{c(\text{H}^+)} = \frac{c(\text{A}^-)}{c(\text{HA})} = \frac{1}{100}$$

$$\alpha = \frac{c(\text{A}^-)}{c(\text{A}^-)+c(\text{HA})} \approx \frac{c(\text{A}^-)}{c(\text{A}^-)+100\,c(\text{A}^-)} = \frac{1}{101} = 0{,}0099 \approx \underline{0{,}01}$$

c) $p\text{H} = pK_S + 2$:

$$c(\text{H}^+) = 10^{-p\text{H}} = 10^{-(pK_S+2)} = 10^{-pK_S}\cdot 10^{-2} = \frac{K_S}{100}$$

$$\frac{K_S}{c(\text{H}^+)} = \frac{c(\text{A}^-)}{c(\text{HA})} = 100$$

$$\alpha = \frac{c(\text{A}^-)}{c(\text{A}^-)+c(\text{HA})} \approx \frac{100\,c(\text{HA})}{100\,c(\text{HA})+c(\text{HA})} = \frac{100}{101} = \underline{0{,}99}$$

Eine einprotonige Säure liegt also bei $p\text{H} = pK_S - 2$ zu 1 %, bei $p\text{H} = pK_S$ zu 50 % und bei $p\text{H} = pK_S + 2$ zu 99 % in deprotonierter Form bzw. als korrespondierende Base vor.

Anmerkung: Das Dissoziationsverhalten mehrprotoniger Säuren kann für die einzelnen Protolysestufen häufig auf gleiche Weise abgeschätzt werden. Meist liegen die pK_S-Werte der einzelnen Stufen so weit auseinander, daß der Fehler durch Nichtbeachtung der Überlagerung der Protolysegleichgewichte gering ist.

L 4.12 Für die Reaktion $NH_4^+ \rightleftharpoons NH_3 + H^+$

wird zunächst das Massenwirkungsgesetz formuliert:

$$K_S = \frac{c(H^+)\,c(NH_3)}{c(NH_4^+)} = 10^{-9{,}25}.$$

Für das gesuchte Konzentrationsverhältnis gilt dann bei $pH = 7{,}5$:

$$\frac{c(NH_3)}{c(NH_4^+)} = \frac{K_S}{c(H^+)} = \frac{10^{-9{,}25}\,\text{mol/L}}{10^{-7{,}5}\,\text{mol/L}} = \frac{5{,}62\cdot 10^{-10}}{3{,}16\cdot 10^{-8}} = \underline{0{,}0178}.$$

Für $pH = 8$ ergibt sich auf analoge Weise ein Verhältnis von $\underline{0{,}0562}$.

L 4.13 Die Bilanz für die anorganischen Kohlenstoffverbindungen lautet:

$$c(DIC) = c(CO_2) + c(HCO_3^-) + c(CO_3^{2-}).$$

Als Gleichgewichtsbeziehungen stehen zur Verfügung:

$$K_{S1} = \frac{c(H^+)\,c(HCO_3^-)}{c(CO_2)} = 10^{-6{,}3}\,\text{mol/L} = 5\cdot 10^{-7}\,\text{mol/L}$$

$$K_{S2} = \frac{c(H^+)\,c(CO_3^{2-})}{c(HCO_3^-)} = 10^{-10{,}3}\,\text{mol/L} = 5\cdot 10^{-11}\,\text{mol/L}$$

$$K_{S1}\cdot K_{S2} = \frac{c^2(H^+)\,c(CO_3^{2-})}{c(CO_2)} = 2{,}5\cdot 10^{-17}\,\text{mol}^2/\text{L}^2.$$

Zunächst wird der Anteil $f(CO_2)$ berechnet. Dazu werden $c(HCO_3^-)$ und $c(CO_3^{2-})$ durch die entsprechenden Gleichgewichtsbeziehungen substituiert:

$$c(DIC) = c(CO_2) + c(CO_2)\frac{K_{S1}}{c(H^+)} + c(CO_2)\frac{K_{S1}\,K_{S2}}{c^2(H^+)}$$

$$c(DIC) = c(CO_2)\left[1 + \frac{K_{S1}}{c(H^+)} + \frac{K_{S1}\,K_{S2}}{c^2(H^+)}\right]$$

$$f(CO_2) = \frac{c(CO_2)}{c(DIC)} = \frac{1}{1 + \dfrac{K_{S1}}{c(H^+)} + \dfrac{K_{S1}\,K_{S2}}{c^2(H^+)}}$$

$$f(CO_2) = \frac{1}{1 + \dfrac{5\cdot 10^{-7}\,\text{mol/L}}{1\cdot 10^{-7}\,\text{mol/L}} + \dfrac{2{,}5\cdot 10^{-17}\,\text{mol}^2/\text{L}^2}{1\cdot 10^{-14}\,\text{mol}^2/\text{L}^2}} = \frac{1}{1 + 5 + 2{,}5\cdot 10^{-3}} = \underline{0{,}1666}.$$

Die Anteile $f(HCO_3^-)$ und $f(CO_3^{2-})$ ergeben sich zu:

$$f(HCO_3^-) = \frac{c(HCO_3^-)}{c(DIC)} = f(CO_2)\frac{K_{S1}}{c(H^+)} = 0{,}1666\frac{5\cdot 10^{-7}\,mol/L}{1\cdot 10^{-7}\,mol/L} = \underline{0{,}833}$$

$$f(CO_3^{2-}) = \frac{c(CO_3^{2-})}{c(DIC)} = f(CO_2)\frac{K_{S1}K_{S2}}{c^2(H^+)} = 0{,}1666\frac{2{,}5\cdot 10^{-17}\,mol^2/L^2}{1\cdot 10^{-14}\,mol^2/L^2}$$

$$f(CO_3^{2-}) = \underline{4{,}17\cdot 10^{-4}}\ .$$

Die Richtigkeit der Ergebnisse kann unter Zuhilfenahme der Bilanzgleichung geprüft werden:

$$f(CO_2) + f(HCO_3^-) + f(CO_3^{2-}) = 1$$

$$0{,}1666 + 0{,}833 + 0{,}0004 = 1\ .$$

$\boxed{\textbf{L 4.14}}$ In Analogie zu L 4.13 formuliert man zunächst die vollständige Stoffbilanz und die Gleichgewichtsbeziehungen für die drei Dissoziationsstufen der Phosphorsäure:

$$c(PO_4) = c(H_3PO_4) + c(H_2PO_4^-) + c(HPO_4^{2-}) + c(PO_4^{3-})$$

$$H_3PO_4 \rightleftharpoons H^+ + H_2PO_4^- \qquad H_2PO_4^- \rightleftharpoons H^+ + HPO_4^{2-} \qquad HPO_4^{2-} \rightleftharpoons H^+ + PO_4^{3-}$$

$$K_{S1} = \frac{c(H^+)\,c(H_2PO_4^-)}{c(H_3PO_4)} \qquad K_{S2} = \frac{c(H^+)\,c(HPO_4^{2-})}{c(H_2PO_4^-)} \qquad K_{S3} = \frac{c(H^+)\,c(PO_4^{3-})}{c(HPO_4^{2-})}\ .$$

a) Aus der Nähe des pH-Wertes zum pK_S-Wert von $H_2PO_4^-$ (7,1) kann man schlußfolgern, daß $H_2PO_4^-$ und HPO_4^{2-} die dominierenden Spezies sind. Die undissoziierte Säure und die PO_4^{3-}-Ionen werden dagegen wegen der weit von pH = 7 entfernt liegenden pK_S-Werte 2 und 12,3 nur in sehr niedrigen Konzentrationen auftreten. Damit vereinfacht sich die Bilanzgleichung zu:

$$c(PO_4) = c(H_2PO_4^-) + c(HPO_4^{2-})\ .$$

Von den beiden unbekannten Konzentrationen wird eine mit Hilfe der Säurekonstante K_{S2} substituiert:

$$c(HPO_4^{2-}) = \frac{K_{S2}\,c(H_2PO_4^-)}{c(H^+)}$$

$$c(PO_4) = c(H_2PO_4^-) + \frac{K_{S2}}{c(H^+)}c(H_2PO_4^-) = c(H_2PO_4^-)\left[1 + \frac{K_{S2}}{c(H^+)}\right]$$

Mit den gegebenen Daten $\quad c(PO_4) = 1\cdot 10^{-5}\,mol/L,$

$$c(H^+) = 10^{-pH} = 1\cdot 10^{-7}\,mol/L$$

$$\text{und} \quad K_{S2} = 10^{-pK_{S2}} = 7,94\cdot 10^{-8}\,mol/L$$

läßt sich nun $c(H_2PO_4^-)$ berechnen:

$$c(H_2PO_4^-) = \frac{c(PO_4)}{1+\dfrac{K_{S2}}{c(H^+)}} = \frac{1\cdot 10^{-5}\,mol/L}{1+\dfrac{7,94\cdot 10^{-8}\,mol/L}{1\cdot 10^{-7}\,mol/L}} = 5,57\cdot 10^{-6}\,mol/L.$$

Über K_{S2} ist dann auch $c(HPO_4^-)$ zugänglich:

$$c(HPO_4^{2-}) = \frac{K_{S2}\,c(H_2PO_4^-)}{c(H^+)} = \frac{7,94\cdot 10^{-8}\,mol/L\cdot 5,57\cdot 10^{-6}\,mol/L}{1\cdot 10^{-7}\,mol/L}$$

$$c(HPO_4^-) = 4,42\cdot 10^{-6}\,mol/L.$$

b) Der Lösungsweg unterscheidet sich im Prinzip nicht von dem unter a) angegebenen. Wegen der Verwendung der vollständigen Bilanzgleichung (s. o.) sind hier nur entsprechend mehr Substitutionen erforderlich.

Zunächst soll $c(H_3PO_4)$ berechnet werden. Dazu sind die Konzentrationen der anderen Phosphatspezies mit Hilfe der Gleichgewichtsbeziehungen zu ersetzen:

$$c(H_2PO_4^-) = \frac{K_{S1}\,c(H_3PO_4)}{c(H^+)}$$

$$K_{S1}\,K_{S2} = \frac{c^2(H^+)\,c(HPO_4^{2-})}{c(H_3PO_4)}$$

$$c(HPO_4^{2-}) = \frac{K_{S1}\,K_{S2}\,c(H_3PO_4)}{c^2(H^+)}$$

$$K_{S1}\,K_{S2}\,K_{S3} = \frac{c^3(H^+)\,c(PO_4^{3-})}{c(H_3PO_4)}$$

$$c(PO_4^{3-}) = \frac{K_{S1}\,K_{S2}\,K_{S3}\,c(H_3PO_4)}{c^3(H^+)}.$$

Einsetzen in die vollständige Bilanzgleichung und Ausklammern von $c(H_3PO_4)$ liefert:

$$c(PO_4) = c(H_3PO_4)\left[1+\frac{K_{S1}}{c(H^+)}+\frac{K_{S1}\,K_{S2}}{c^2(H^+)}+\frac{K_{S1}\,K_{S2}\,K_{S3}}{c^3(H^+)}\right]$$

$$c(\mathrm{H_3PO_4}) = \frac{c(\mathrm{PO_4})}{1 + \dfrac{K_{S1}}{c(\mathrm{H^+})} + \dfrac{K_{S1}K_{S2}}{c^2(\mathrm{H^+})} + \dfrac{K_{S1}K_{S2}K_{S3}}{c^3(\mathrm{H^+})}} .$$

Mit $c(\mathrm{PO_4}) = 1 \cdot 10^{-5}$ mol/L und

$$c(\mathrm{H^+}) = 10^{-p\mathrm{H}} = 1 \cdot 10^{-7}\,\mathrm{mol/L}$$

$$c^2(\mathrm{H^+}) = 1 \cdot 10^{-14}\,\mathrm{mol^2/L^2}$$

$$c^3(\mathrm{H^+}) = 1 \cdot 10^{-21}\,\mathrm{mol^3/L^3}$$

$$K_{S1} = 10^{-pK_{S1}} = 1 \cdot 10^{-2}\,\mathrm{mol/L}$$

$$K_{S1}K_{S2} = 10^{-(pK_{S1}+pK_{S2})} = 10^{-9,1}\,\mathrm{mol^2/L^2} = 7{,}94 \cdot 10^{-10}\,\mathrm{mol^2/L^2}$$

$$K_{S1}K_{S2}K_{S3} = 10^{-(pK_{S1}+pK_{S2}+pK_{S3})} = 10^{-21,4}\,\mathrm{mol^3/L^3} = 3{,}98 \cdot 10^{-22}\,\mathrm{mol^3/L^3}$$

erhält man:

$$c(\mathrm{H_3PO_4}) = \frac{1 \cdot 10^{-5}\,\mathrm{mol/L}}{1 + 1 \cdot 10^{5} + 7{,}94 \cdot 10^{4} + 0{,}398} = \underline{5{,}57 \cdot 10^{-11}\,\mathrm{mol/L}} .$$

Mit Hilfe der vorher zur Substitution benutzten Gleichungen und unter Verwendung der bereits berechneten Quotienten (siehe Nenner der letzten Gleichung) können nun auch die Konzentrationen der anderen Spezies berechnet werden:

$$c(\mathrm{H_2PO_4^-}) = \frac{K_{S1}\,c(\mathrm{H_3PO_4})}{c(\mathrm{H^+})} = 1 \cdot 10^{5} \cdot 5{,}57 \cdot 10^{-11}\,\mathrm{mol/L} = \underline{5{,}57 \cdot 10^{-6}\,\mathrm{mol/L}}$$

$$c(\mathrm{HPO_4^{2-}}) = \frac{K_{S1}\,K_{S2}\,c(\mathrm{H_3PO_4})}{c^2(\mathrm{H^+})} = 7{,}94 \cdot 10^{4} \cdot 5{,}57 \cdot 10^{-11} = \underline{4{,}42 \cdot 10^{-6}\,\mathrm{mol/L}}$$

$$c(\mathrm{PO_4^{3-}}) = \frac{K_{S1}\,K_{S2}\,K_{S3}\,c(\mathrm{H_3PO_4})}{c^3(\mathrm{H^+})} = 0{,}398 \cdot 5{,}57 \cdot 10^{-11} = \underline{2{,}22 \cdot 10^{-11}\,\mathrm{mol/L}} .$$

Zur Probe kann man die Bilanzgleichung benutzen:

$$c(\mathrm{PO_4}) = c(\mathrm{H_3PO_4}) + c(\mathrm{H_2PO_4^-}) + c(\mathrm{HPO_4^{2-}}) + c(\mathrm{PO_4^{3-}})$$

$$c(\mathrm{PO_4}) = (5{,}57 \cdot 10^{-11} + 5{,}57 \cdot 10^{-6} + 4{,}42 \cdot 10^{-6} + 2{,}22 \cdot 10^{-11})\,\mathrm{mol/L}$$

$$c(\mathrm{PO_4}) = 9{,}99 \cdot 10^{-6}\,\mathrm{mol/L} \approx 1 \cdot 10^{-5}\,\mathrm{mol/L} .$$

$\boxed{\textbf{L 4.15}}$ a) Die Gleichsetzung von Säurekapazität $K_{S4,3}$ und Hydrogencarbonationenkonzentration beruht auf der bis $p\mathrm{H} = 4{,}3$ praktisch vollständigen Umsetzung von $\mathrm{HCO_3^-}$ mit Protonen zu $\mathrm{CO_2}$ gemäß: $\mathrm{H^+} + \mathrm{HCO_3^-} \rightarrow \mathrm{H_2O} + \mathrm{CO_2}$.

b) Protonenverbrauch könnte ebenfalls resultieren aus

$H^+ + CO_3^{2-} \rightarrow HCO_3^-$ und weiter zu CO_2 (2 mol H^+ pro mol CO_3^{2-})

sowie aus $H^+ + OH^- \rightarrow H_2O$.

Im allgemeinsten Fall gilt für $K_{S4,3}$:

$$K_{S4,3} = c(OH^-) + 2\, c(CO_3^{2-}) + c(HCO_3^-).$$

Aus dem vorgegebenen Bereich der Ausgangs-pH-Werte und aus dem pK_{S2}-Wert ($pH \ll pK_{S2}$) resultiert, daß die Carbonationenkonzentration gegenüber der Hydrogencarbonationenkonzentration vernachlässigbar ist (vgl. auch L 4.11). Bezüglich der OH^--Ionen gilt, daß selbst beim höchsten pH-Wert von 8,2 die Konzentration nur $10^{-5,8}$ mol/L beträgt ($pOH = 14 - pH$). Das entspricht $1,58 \cdot 10^{-6}$ mol/L bzw. $1,58 \cdot 10^{-3}$ mmol/L. Die typischen Hydrogencarbonatkonzentrationen liegen dagegen im mmol/L-Bereich. Damit ist auch der Beitrag der OH^--Ionen zum Säureverbrauch zu vernachlässigen.

c) Die Protonenkonzentration beträgt bei pH = 7: $c(H^+) = 1 \cdot 10^{-7}$ mol/L

und bei pH = 4,3: $c(H^+) = 1 \cdot 10^{-4,3}$ mol/L = $5 \cdot 10^{-5}$ mol/L = $5 \cdot 10^{-2}$ mmol/L.

Die Differenz (Protonenkonzentration, die zur pH-Absenkung auf 4,3 notwendig ist) beträgt damit ca. $5 \cdot 10^{-2}$ mmol/L und die Gleichung zur Berechnung von $c(HCO_3^-)$ muß daher lauten:

$$c(HCO_3^-) = K_{S4,3} - 0{,}05 \text{ mmol/L}.$$

Inwieweit diese Korrektur sinnvoll und notwendig ist, hängt von der absoluten Größe von $K_{S4,3}$ und auch vom Analysenfehler ab.

L 4.16 a) Ausgangspunkt ist das Massenwirkungsgesetz für die Protolysereaktion

$$K_S = \frac{c(HPO_4^{2-})\, c(H^+)}{c(H_2PO_4^-)} \qquad \text{oder} \qquad c(H^+) = \frac{K_S\, c(H_2PO_4^-)}{c(HPO_4^{2-})}.$$

Logarithmieren und Einführen der Größen $pH = -\lg c(H^+)$ und $pK_S = -\lg K_S$ liefert:

$$pH = pK_S - \lg \frac{c(H_2PO_4^-)}{c(HPO_4^{2-})}.$$

Für das Puffersystem mit äquimolaren Konzentrationen ergibt sich:

$$pH = pK_S - \lg \frac{0{,}1 \text{ mol/L}}{0{,}1 \text{ mol/L}} = pK_S = \underline{7{,}12}.$$

b) Da sich beim Verdünnen die Konzentrationen beider Pufferkomponenten um den gleichen Faktor ändern, bleibt das maßgebliche Konzentrationsverhältnis gleich. Der pH-Wert von 7,12 bleibt damit auch unverändert.

c) Bei Säurezusatz (sehr starke Säure $\Rightarrow c(\text{HCl}) = c(\text{H}^+) = 0,01$ mol/L) verändern sich die Konzentrationen der Pufferkomponenten durch die Reaktion

$$\text{HPO}_4^{2-} + \text{H}^+ \rightarrow \text{H}_2\text{PO}_4^-.$$

Die Konzentration des Dihydrogenphosphats nimmt um die zugesetzte H^+-Konzentration zu, die Konzentration des Hydrogenphosphats in gleichem Maße ab. Es gilt daher nach Säurezugabe:

$$p\text{H} = pK_S - \lg\frac{0,1\ \text{mol/L} + 0,01\ \text{mol/L}}{0,1\ \text{mol/L} - 0,01\ \text{mol/L}} = 7,12 - \lg\frac{0,11}{0,09} = 7,12 - 0,09 = \underline{7,03}.$$

Trotz Zusatz der starken Säure verändert sich der pH-Wert der gepufferten Lösung nur geringfügig.

d) Für die Salzsäure allein würde gelten:

$$p\text{H} = -\lg c(\text{H}^+) = -\lg(0,01) = \underline{2}.$$

$\boxed{\textbf{L 4.17}}$ Zunächst stellt man die Teilreaktionen und die Gleichgewichtsbeziehungen für die vier gegebenen Konstanten zusammen:

$$\text{CO}_{2(g)} \rightleftharpoons \text{CO}_{2(aq)} \qquad\qquad H = \frac{c(\text{CO}_2)}{p(\text{CO}_2)}$$

$$\text{CaCO}_3 \rightleftharpoons \text{Ca}^{2+} + \text{CO}_3^{2-} \qquad\qquad K_L = c(\text{Ca}^{2+})\, c(\text{CO}_3^{2-})$$

$$\text{CO}_{2(aq)} + \text{H}_2\text{O} \rightleftharpoons \text{H}^+ + \text{HCO}_3^- \qquad\qquad K_S(\text{CO}_2) = K_{S1} = \frac{c(\text{H}^+)\, c(\text{HCO}_3^-)}{c(\text{CO}_2)}$$

$$\text{HCO}_3^- \rightleftharpoons \text{H}^+ + \text{CO}_3^{2-} \qquad\qquad K_S(\text{HCO}_3^-) = K_{S2} = \frac{c(\text{H}^+)\, c(\text{CO}_3^{2-})}{c(\text{HCO}_3^-)}$$

Es ist unschwer zu erkennen, daß sich die Gesamtreaktion durch Addition dieser Teilreaktionen ergibt, wobei allerdings die letzte Gleichung vorher in umgekehrter Richtung geschrieben werden muß. Für die umgestellte Gleichung wird die Konstante daher zu $1/K_{S2}$. Die Konstante für die Gesamtreaktion ergibt sich als Produkt der Konstanten der addierten Teilreaktionen:

$$CaCO_{3(s)} + CO_{2(g)} + H_2O \rightleftharpoons Ca^{2+} + 2\,HCO_3^{2-}$$

$$K = \frac{H \cdot K_L \cdot K_{S1}}{K_{S2}} = \frac{c(Ca^{2+})\,c^2(HCO_3^-)}{p(CO_2)}\,.$$

Mit den Zahlenwerten für die Konstanten der Teilreaktionen

$$H = 33{,}42\,\frac{mol}{m^3\,bar} = 33{,}42\cdot 10^{-3}\,\frac{mol}{L\,bar}$$

$$K_L = 10^{-pK_L} = 10^{-8{,}48}\,mol^2/L^2 = 3{,}31\cdot 10^{-9}\,mol^2/L^2$$

$$K_{S1} = 10^{-pK_{S1}} = 10^{-6{,}3}\,mol/L = 5{,}01\cdot 10^{-7}\,mol/L$$

$$K_{S2} = 10^{-pK_{S2}} = 10^{-10{,}3}\,mol/L = 5{,}01\cdot 10^{-11}\,mol/L$$

erhält man:

$$K = \frac{H \cdot K_L \cdot K_{S1}}{K_{S2}} = \frac{33{,}42\cdot 10^{-3}\,mol\cdot 3{,}31\cdot 10^{-9}\,mol^2/L^2\cdot 5{,}01\cdot 10^{-7}\,mol/L}{L\cdot bar\cdot 5{,}01\cdot 10^{-11}\,mol/L}$$

$$K = 1{,}11\cdot 10^{-6}\,\frac{mol^3}{L^3\,bar}\,.$$

Aus der Bedingung, daß Ca^{2+} und HCO_3^- im stöchiometrischen Verhältnis entsprechend der Reaktionsgleichung vorliegen, ergibt sich:

$$2\,c(Ca^{2+}) = c(HCO_3^-)\,.$$

Damit läßt sich die Hydrogencarbonationenkonzentration im Massenwirkungsgesetz substituieren und man erhält die Calciumionenkonzentration:

$$K = \frac{c(Ca^{2+})\,c^2(HCO_3^-)}{p(CO_2)} = \frac{4\,c^3(Ca^{2+})}{p(CO_2)}$$

$$c(Ca^{2+}) = \sqrt[3]{\frac{K\,p(CO_2)}{4}} = \sqrt[3]{\frac{1{,}11\cdot 10^{-6}\,mol^3\cdot 0{,}00035\,bar}{L^3\,bar\cdot 4}} = 4{,}6\cdot 10^{-4}\,mol/L\,.$$

Aus der stöchiometrischen Bedingung folgt dann auch gleich:

$$c(HCO_3^-) = 2c(Ca^{2+}) = 9{,}2\cdot 10^{-4}\,mol/L\,.$$

Mit der nunmehr bekannten Calciumionenkonzentration läßt sich die Carbonationenkonzentration über das Löslichkeitsprodukt berechnen:

$$c(CO_3^{2-}) = \frac{K_L}{c(Ca^{2+})} = \frac{3{,}31 \cdot 10^{-9} \, mol^2/L^2}{4{,}6 \cdot 10^{-4} \, mol/L} = 7{,}2 \cdot 10^{-6} \, mol/L \, .$$

Die Protonenkonzentration erhält man schließlich aus dem Protolysegleichgewicht der „Kohlensäure" (2.Stufe):

$$c(H^+) = \frac{K_{S2} \, c(HCO_3^-)}{c(CO_3^{2-})} = \frac{5{,}01 \cdot 10^{-11} \, mol/L \cdot 9{,}2 \cdot 10^{-4} \, mol/L}{7{,}2 \cdot 10^{-6} \, mol/L} = 6{,}4 \cdot 10^{-9} \, mol/L \, .$$

Der gesuchte pH-Wert ist damit: $pH = -\lg c(H^+) = \underline{8{,}19}$.

Prinzipiell kann die schrittweise Berechnung der Konzentrationen natürlich auch in anderer Reihenfolge durchgeführt werden. So kann man zum Beispiel nach der Berechnung der Calcium- und Hydrogencarbonationenkonzentration als nächstes die CO_2-Konzentration im Wasser nach dem HENRYschen Gesetz berechnen:

$$c(CO_2) = H(CO_2) \, p(CO_2) = 33{,}42 \cdot 10^{-3} \, \frac{mol}{L \, bar} \cdot 0{,}00035 \, bar = 1{,}17 \cdot 10^{-5} \, mol/L \, .$$

Die Protonenkonzentration und der pH-Wert sind dann über die erste Stufe des Protolysegleichgewichts der „Kohlensäure" zugänglich:

$$c(H^+) = \frac{K_{S1} \, c(CO_2)}{c(HCO_3^-)} = \frac{5{,}01 \cdot 10^{-7} \, mol/L \cdot 1{,}17 \cdot 10^{-5} \, mol/L}{9{,}2 \cdot 10^{-4} \, mol/L} = 6{,}37 \cdot 10^{-9} \, mol/L$$

$$pH = -\lg c(H^+) = \underline{8{,}20} \, .$$

Die geringfügige Differenz gegenüber dem ersten Ergebnis resultiert aus der Rundung der Zwischenergebnisse.

$\boxed{\text{L 4.18}}$ a) Für die Säurekonstante der Reaktion

$$C_6H_5OH \rightleftharpoons H^+ + C_6H_5O^- \quad (\text{Phenol} \rightleftharpoons H^+ + \text{Phenolat})$$

ist anzusetzen:

$$K_S = \frac{c(H^+) \, c(\text{Phenolat})}{c(\text{Phenol})} \, .$$

Unter Berücksichtigung der Ladungsbilanz $c(H^+) = c(\text{Phenolat})$ gilt für die Stoffbilanz: $c_0 = c(\text{Phenol}) + c(\text{Phenolat}) = c(\text{Phenol}) + c(H^+)$ und

$$c(\text{Phenol}) = c_0 - c(H^+) \, .$$

Damit kann man für K_S schreiben:

$$K_S = \frac{c(\mathrm{H}^+)\,c(\text{Phenolat})}{c_0 - c(\mathrm{H}^+)} = \frac{c^2(\mathrm{H}^+)}{c_0 - c(\mathrm{H}^+)}.$$

Da Phenol eine schwache Säure ist, gilt $c(\mathrm{H}^+) \ll c_0$. Damit vereinfacht sich die Gleichung zu:

$$c(\mathrm{H}^+) = \sqrt{K_S\, c_0}.$$

Einsetzen der gegebenen Daten $K_S = 10^{-pK_S} = 1\cdot10^{-10}\,\mathrm{mol/L}$ und $c_0 = 1\cdot10^{-5}$ mol/L liefert:

$$c(\mathrm{H}^+) = \sqrt{1\cdot10^{-10}\,\mathrm{mol/L}\cdot 1\cdot10^{-5}\,\mathrm{mol/L}} = \sqrt{1\cdot10^{-15}\,\mathrm{mol}^2/\mathrm{L}^2} = 3{,}16\cdot10^{-8}\,\mathrm{mol/L}$$

$$p\mathrm{H} = -\lg 3{,}16\cdot10^{-8} = \underline{7{,}5}.$$

(Anmerkung: Der Lösungsweg ohne die oben gemachte Vereinfachung führt zu einer quadratischen Gleichung, die hier jedoch das gleiche Ergebnis liefert.)

Bewertung der Lösung: Das Ergebnis ist nicht plausibel. Die Auflösung einer Säure in neutralem Wasser und die damit verbundene Freisetzung von Protonen kann nicht zu einem pH-Wert größer 7 führen. Die berechnete Protonenkonzentration liegt in der Größenordnung der durch Autoprotolyse des Wassers entstehenden Protonenkonzentration. Das Autoprotolysegleichgewicht darf hier offensichtlich nicht mehr vernachlässigt werden.

b) Für eine exakte Berechnung unter Berücksichtigung der Autoprotolyse des Wassers muß die vollständige Ladungsbilanz angesetzt werden. Zur Vereinfachung wird das Anion Phenolat im folgenden mit A$^-$ bezeichnet.

$$c(\mathrm{A}^-) + c(\mathrm{OH}^-) = c(\mathrm{H}^+)$$

Um aus dieser Ladungsbilanz den gesuchten pH-Wert berechnen zu können, müssen $c(\mathrm{A}^-)$ und $c(\mathrm{OH}^-)$ durch Gleichgewichtsbeziehungen ersetzt werden. Es gilt:

$$K_S = \frac{c(\mathrm{H}^+)\,c(\mathrm{A}^-)}{c(\mathrm{HA})} = \frac{c(\mathrm{H}^+)\,c(\mathrm{A}^-)}{c_0 - c(\mathrm{A}^-)}$$

$$K_S\,c_0 - K_S\,c(\mathrm{A}^-) = c(\mathrm{H}^+)\,c(\mathrm{A}^-)$$

$$c(\mathrm{A}^-) = \frac{K_S\,c_0}{c(\mathrm{H}^+) + K_S} \quad \text{und}$$

$$c(\mathrm{OH}^-) = \frac{K_W}{c(\mathrm{H}^+)}.$$

Damit nimmt die Ladungsbilanz die folgende Form an:

$$\frac{K_S\, c_0}{c(\mathrm{H}^+)+K_S} + \frac{K_W}{c(\mathrm{H}^+)} = c(\mathrm{H}^+)\,.$$

Mit etwas Überlegung läßt sich die Lösung der Gleichung stark vereinfachen: Da K_S den Wert 10^{-10} mol/L hat und die Protonenkonzentration nicht kleiner als 10^{-7} mol/L sein wird, ist K_S im Nenner des ersten Terms der Gleichung gegenüber $c(\mathrm{H}^+)$ zu vernachlässigen. Man erhält dann mit $K_W = 10^{-pK_W} = 1\cdot 10^{-14}\,\mathrm{mol}^2/\mathrm{L}^2$:

$$\frac{K_S\, c_0}{c(\mathrm{H}^+)} + \frac{K_W}{c(\mathrm{H}^+)} = c(\mathrm{H}^+) \quad \text{bzw.}$$

$$c(\mathrm{H}^+) = \sqrt{K_S\, c_0 + K_W} = \sqrt{1\cdot 10^{-10}\,\mathrm{mol/L}\cdot 1\cdot 10^{-5}\,\mathrm{mol/L} + 1\cdot 10^{-14}\,\mathrm{mol}^2/\mathrm{L}^2}$$

$$c(\mathrm{H}^+) = \sqrt{1{,}1\cdot 10^{-14}\,\mathrm{mol}^2/\mathrm{L}^2} = 1{,}049\cdot 10^{-7}\,\mathrm{mol/L}$$

$$p\mathrm{H} = -\lg c(\mathrm{H}^+) = \underline{6{,}98}\,.$$

Das Ergebnis liegt nun wie erwartet im pH-Bereich < 7. Wegen der niedrigen Ausgangskonzentration der Säure und der schwachen Dissoziation ist die Veränderung gegenüber der Protonenkonzentration des reinen Wassers (10^{-7} mol/L) jedoch sehr gering.

Lösungen zu Kapitel 5

$\boxed{\text{L 5.1}}$ Aus dem Löslichkeitsexponenten ergibt sich das Löslichkeitsprodukt zu

$$K_L = c(Ba^{2+})\, c(SO_4^{2-}) = 10^{-pK_L} = 10^{-9{,}96}\,\text{mol}^2/\text{L}^2 = 1{,}1 \cdot 10^{-10}\,\text{mol}^2/\text{L}^2 \,.$$

Bei vollständiger Dissoziation ist die Löslichkeit (Sättigungskonzentration) c_s eines Elektrolyten $K_m A_n$ gleich der Sättigungskonzentration des Kations bzw. des Anions, dividiert durch die Formelindices m bzw. n:

$$c_s = \frac{c(K)}{m} = \frac{c(A)}{n} \,.$$

Im vorliegenden Fall gilt also wegen $n = m = 1$:

$$c_s = c(Ba^{2+}) = c(SO_4^{2-}) \,.$$

Daraus folgt:

$$K_L = c_s^{\,2} \quad \text{bzw.} \quad c_s = \sqrt{K_L}$$

$$c_s = \sqrt{1{,}1 \cdot 10^{-10}\,\text{mol}^2/\text{L}^2} = 1{,}05 \cdot 10^{-5}\,\text{mol/L} = \underline{1{,}05 \cdot 10^{-2}\,\text{mmol/L}}$$

$$\beta_s = c_s\, M = 1{,}05 \cdot 10^{-2}\,\text{mmol/L} \cdot 233{,}4\,\text{mg/mmol} = \underline{2{,}45\,\text{mg/L}} \,.$$

$\boxed{\text{L 5.2}}$ Die Auflösung von CaF_2 erfolgt nach

$$CaF_2 \rightleftharpoons Ca^{2+} + 2\,F^- \,.$$

Damit lautet das Löslichkeitsprodukt:

$$K_L = c(Ca^{2+})\, c^2(F^-) \,.$$

Entsprechend der Definition für die Sättigungskonzentration (vgl. L 5.1) gilt für CaF_2 unter Berücksichtigung der Formelindices:

$$c_s = c(Ca^{2+}) = \frac{1}{2} c(F^-) \,.$$

(Der Zusammenhang zwischen der Calcium- und der Fluoridkonzentration ergibt sich auch aus der Stöchiometrie des Prozesses, da pro mol Ca^{2+} 2 mol F^- entstehen.)

Einsetzen in die Gleichung für das Löslichkeitsprodukt liefert:

$$K_L = c_s \cdot 4 c_s^2 = 4 c_s^3 \,.$$

Mit $K_L = 10^{-pK_L} = 10^{-10,4}\,\text{mol}^3/\text{L}^3 = 3,98 \cdot 10^{-11}\,\text{mol}^3/\text{L}^3$ kann daraus die Sättigungskonzentration c_s berechnet werden:

$$c_s = \sqrt[3]{\frac{K_L}{4}} = \sqrt[3]{\frac{3,98 \cdot 10^{-11}\,\text{mol}^3/\text{L}^3}{4}} = \underline{2,15 \cdot 10^{-4}\,\text{mol/L}}\,.$$

Die molare Löslichkeit des Calciumfluorids beträgt also $2,15 \cdot 10^{-4}$ mol/L. Für die Ionenkonzentrationen in der gesättigten Lösung erhält man (s. o.):

$$c(\text{Ca}^{2+}) = c_s = \underline{2,15 \cdot 10^{-4}\,\text{mol/L}} \quad \text{und}$$

$$c(\text{F}^-) = 2\,c_s = \underline{4,3 \cdot 10^{-4}\,\text{mol/L}}\,.$$

L 5.3   Zur Überprüfung des Sättigungszustandes bildet man – analog zur Definition des Löslichkeitsproduktes – das Produkt aus den aktuellen Konzentrationen (Q) und vergleicht dieses mit der Gleichgewichtskonstante K_L. Es gilt dann:

$Q > K_L \Rightarrow$ Die Lösung ist übersättigt.

$Q = K_L \Rightarrow$ Die Lösung ist im Gleichgewicht.

$Q < K_L \Rightarrow$ Die Lösung ist untersättigt.

Im vorliegenden Fall ergibt sich für K_L und Q:

$$K_L = 10^{-pK_L} = 10^{-8,48}\,\text{mol}^2/\text{L}^2 = \underline{3,31 \cdot 10^{-9}\,\text{mol}^2/\text{L}^2}$$

$$Q = c(\text{Ca}^{2+})\,c(\text{CO}_3^{2-}) = 0,5 \cdot 10^{-3}\,\text{mol/L} \cdot 8 \cdot 10^{-6}\,\text{mol/L} = \underline{4 \cdot 10^{-9}\,\text{mol}^2/\text{L}^2}\,.$$

Damit erhält man: $Q > K_L \Rightarrow$ Die Lösung ist übersättigt.

L 5.4   Für das Löslichkeitsprodukt des Cadmiumhydroxids $Cd(OH)_2$ gilt

$$K_L = c(\text{Cd}^{2+})\,c^2(\text{OH}^-) = 1,58 \cdot 10^{-14}\,\text{mol}^3/\text{L}^3\,.$$

Bei einer vorgegebenen Gleichgewichtskonzentration $c(\text{Cd}^{2+}) = 4 \cdot 10^{-5}$ mol/L ergibt sich $c(\text{OH}^-)$ zu

$$c(\text{OH}^-) = \sqrt{\frac{K_L}{c(\text{Cd}^{2+})}} = \sqrt{\frac{1,58 \cdot 10^{-14}\,\text{mol}^3/\text{L}^3}{4 \cdot 10^{-5}\,\text{mol/L}}} = \underline{1,99 \cdot 10^{-5}\,\text{mol/L}}\,.$$

Dies entspricht einem pOH-Wert ($= -\lg c(\text{OH}^-)$) von 4,7 und einem pH-Wert von 9,3 (wegen pH $+\,p$OH $= pK_W = 14$).

Die Cadmiumkonzentration von $4 \cdot 10^{-5}$ mol/L wird – wegen der Konstanz von K_L – also unterschritten, wenn die Konzentration $c(\text{OH}^-)$ größer wird als $1,99 \cdot 10^{-5}$ mol/L bzw. wenn der pH den Wert $\underline{9,3}$ übersteigt.

$\boxed{\text{L 5.5}}$ Analog zu L 5.3 werden für Cadmiumhydroxid und Cadmiumcarbonat die Produkte Q gebildet und mit den K_L-Werten $(=10^{-pK_L})$ verglichen. $pH = 8$ entspricht $pOH = 6$ $(pH + pOH = pK_W = 14)$; die Hydroxidionenkonzentration beträgt demzufolge 10^{-6} mol/L.

Cadmiumcarbonat:

$$Q(\mathrm{CdCO_3}) = c(\mathrm{Cd^{2+}})\,c(\mathrm{CO_3^{2-}}) = 1\cdot 10^{-8}\,\mathrm{mol/L}\cdot 1\cdot 10^{-5}\,\mathrm{mol/L} = \underline{1\cdot 10^{-13}\,\mathrm{mol^2/L^2}}$$

$$K_L(\mathrm{CdCO_3}) = c(\mathrm{Cd^{2+}})\,c(\mathrm{CO_3^{2-}}) = 10^{-13,7}\,\mathrm{mol^2/L^2} = \underline{2\cdot 10^{-14}\,\mathrm{mol^2/L^2}}$$

$$Q(\mathrm{CdCO_3}) > K_L(\mathrm{CdCO_3})$$

Cadmiumhydroxid:

$$Q(\mathrm{Cd(OH)_2}) = c(\mathrm{Cd^{2+}})\,c^2(\mathrm{OH^-}) = 1\cdot 10^{-8}\,\mathrm{mol/L}\cdot 1\cdot 10^{-12}\,\mathrm{mol^2/L^2}$$

$$Q(\mathrm{Cd(OH)_2}) = \underline{1\cdot 10^{-20}\,\mathrm{mol^3/L^3}}$$

$$K_L(\mathrm{Cd(OH)_2}) = c(\mathrm{Cd^{2+}})\,c^2(\mathrm{OH^-}) = 10^{-13,8}\,\mathrm{mol^3/L^3} = \underline{1{,}58\cdot 10^{-14}\,\mathrm{mol^3/L^3}}$$

$$Q(\mathrm{Cd(OH)_2}) < K_L(\mathrm{Cd(OH)_2})$$

Das Wasser ist bezüglich $\mathrm{CdCO_3}$ übersättigt und bezüglich $\mathrm{Cd(OH)_2}$ untersättigt. Es wird also $\mathrm{CdCO_3}$ ausfallen.

$\boxed{\text{L 5.6}}$ Ohne Berücksichtigung der Protolyse würde für die Sättigungskonzentration c_s gelten: $\quad c_s = c(\mathrm{Ca^{2+}}) = c(\mathrm{CO_3^{2-}})$.

Wird ein Teil der Carbonationen durch Reaktion mit Protonen zu Hydrogencarbonationen umgesetzt, so muß anstelle der obigen Gleichung jetzt

$$c_s = c(\mathrm{Ca^{2+}}) = c(\mathrm{CO_3^{2-}}) + c(\mathrm{HCO_3^-})$$

angesetzt werden. Dies wird verständlich, wenn man bedenkt, daß pro mol umgesetztes Carbonat genau ein mol Hydrogencarbonat gebildet wird und daß die Summe der Konzentrationen des noch vorhandenen Carbonats und des gebildeten Hydrogencarbonats gleich der Konzentration des ursprünglich (vor der Protolyse) vorhandenen Carbonats sein muß.

Unter Verwendung der Gleichgewichtsbeziehungen

$$K_L = c(\mathrm{Ca^{2+}})\,c(\mathrm{CO_3^{2-}}) \quad \text{und} \quad K_{S2} = \frac{c(\mathrm{H^+})\,c(\mathrm{CO_3^{2-}})}{c(\mathrm{HCO_3^-})}$$

erhält man:

$$c(\mathrm{Ca^{2+}}) = c(\mathrm{CO_3^{2-}}) + c(\mathrm{HCO_3^-})$$

$$c(\text{Ca}^{2+}) = \frac{K_L}{c(\text{Ca}^{2+})} + \frac{c(\text{H}^+)\, K_L}{c(\text{Ca}^{2+})\, K_{S2}} \qquad\qquad c^2(\text{Ca}^{2+}) = K_L + \frac{c(\text{H}^+)\, K_L}{K_{S2}}$$

$$c(\text{Ca}^{2+}) = \sqrt{K_L + \frac{c(\text{H}^+)\, K_L}{K_{S2}}}\,.$$

Mit $c(\text{H}^+) = 10^{-p\text{H}} = 10^{-8,5}$ mol/L $= 3{,}16 \cdot 10^{-9}$ mol/L

folgt schließlich

$$c(\text{Ca}^{2+}) = \sqrt{3{,}3 \cdot 10^{-9}\ \text{mol}^2/\text{L}^2 + \frac{3{,}16 \cdot 10^{-9}\ \text{mol/L} \cdot 3{,}3 \cdot 10^{-9}\ \text{mol}^2/\text{L}^2}{5 \cdot 10^{-11}\ \text{mol/L}}}$$

$$c(\text{Ca}^{2+}) = \underline{4{,}6 \cdot 10^{-4}\ \text{mol/L}}\,.$$

b) Wenn als Anion nur Carbonat auftritt, gilt die Bilanz $c(\text{Ca}^{2+}) = c(\text{CO}_3^{2-})$.
Für $c(\text{Ca}^{2+})$ ergibt sich dann:

$$c(\text{Ca}^{2+}) = \sqrt{K_L} = \sqrt{3{,}3 \cdot 10^{-9}\ \text{mol}^2/\text{L}^2} = \underline{5{,}74 \cdot 10^{-5}\ \text{mol/L}}\,.$$

Diese Konzentration entspricht der Sättigungskonzentration unter der Bedingung, daß CO_3^{2-} praktisch nicht zu HCO_3^- reagiert, also bei $p\text{H} \gg 10{,}3\ (= pK_{S2})$.

$\boxed{\text{L 5.7}}$ Für das Löslichkeitsprodukt gilt $K_L = c(\text{Ca}^{2+})\, c(\text{CO}_3^{2-})$

und für die Säureprotolyse $\quad K_{S2} = \dfrac{c(\text{H}^+)\, c(\text{CO}_3^{2-})}{c(\text{HCO}_3^-)}\,.$

Damit ist es möglich, die unbekannte Größe $c(\text{CO}_3^{2-})$ zu substituieren und die resultierende Gleichung nach der gesuchten Protonenkonzentration umzustellen:

$$c(\text{CO}_3^{2-}) = \frac{K_{S2}\, c(\text{HCO}_3^-)}{c(\text{H}^+)}$$

$$K_L = \frac{c(\text{Ca}^{2+})\, K_{S2}\, c(\text{HCO}_3^-)}{c(\text{H}^+)}$$

$$c(\text{H}^+) = \frac{K_{S2}}{K_L}\, c(\text{Ca}^{2+})\, c(\text{HCO}_3^-)\,.$$

Es ist zweckmäßig, die Gleichung in eine logarithmische Form zu überführen, um die Größen $p\text{H}$, pK_S und pK_L verwenden zu können.

$$\lg c(\text{H}^+) = \lg K_{S2} - \lg K_L + \lg c(\text{Ca}^{2+}) + \lg c(\text{HCO}_3^-)$$

$$-\lg c(\mathrm{H}^+) = -\lg K_{S2} + \lg K_L - \lg c(\mathrm{Ca}^{2+}) - \lg c(\mathrm{HCO}_3^-)$$

$$p\mathrm{H} = pK_{S2} - pK_L - \lg c(\mathrm{Ca}^{2+}) - \lg c(\mathrm{HCO}_3^-)$$

Bei der Berechnung der Logarithmen der Konzentrationen ist zu beachten, daß sich die Gleichgewichtskonstanten auf die Konzentrationseinheit mol/L beziehen. Die angegebenen millimolaren Konzentrationen sind daher zunächst durch 1000 zu dividieren. Der Gleichgewichts-pH-Wert ergibt sich dann zu

$$p\mathrm{H} = 10{,}33 - 7{,}99 + 2{,}456 + 2{,}276 = 7{,}07$$

und für den Sättigungsindex S_I gilt demzufolge

$$S_I = p\mathrm{H}_{gemessen} - p\mathrm{H}_{berechnet} = 6{,}8 - 7{,}07 = \underline{-0{,}27}\,.$$

Das Wasser ist also calcitlösend.

L 5.8 Zur Überprüfung des Sättigungszustandes ist das Produkt Q der aktuellen Konzentrationen zu bilden und mit dem Löslichkeitsprodukt K_L zu vergleichen (siehe L 5.3). Dazu muß aber zunächst die unbekannte Sulfidionenkonzentration ermittelt werden.

Die Bilanz für den sulfidischen Schwefel lautet:

$$c(\mathrm{S}) = c(\mathrm{H}_2\mathrm{S}) + c(\mathrm{HS}^-) + c(\mathrm{S}^{2-})\,.$$

Da $c(\mathrm{S})$ bekannt ist und $c(\mathrm{S}^{2-})$ gesucht wird, müssen $c(\mathrm{H}_2\mathrm{S})$ und $c(\mathrm{HS}^-)$ durch die Gleichgewichtsbeziehungen

$$\mathrm{H}_2\mathrm{S} \rightleftharpoons \mathrm{H}^+ + \mathrm{HS}^- \qquad\qquad K_{S1} = \frac{c(\mathrm{H}^+)\,c(\mathrm{HS}^-)}{c(\mathrm{H}_2\mathrm{S})} = 1\cdot 10^{-7}\ \mathrm{mol/L}$$

$$\mathrm{HS}^- \rightleftharpoons \mathrm{H}^+ + \mathrm{S}^{2-} \qquad\qquad K_{S2} = \frac{c(\mathrm{H}^+)\,c(\mathrm{S}^{2-})}{c(\mathrm{HS}^-)} = 1\cdot 10^{-14}\ \mathrm{mol/L}$$

$$\mathrm{H}_2\mathrm{S} \rightleftharpoons 2\,\mathrm{H}^+ + \mathrm{S}^{2-} \qquad\qquad K_{S1}\,K_{S2} = \frac{c^2(\mathrm{H}^+)\,c(\mathrm{S}^{2-})}{c(\mathrm{H}_2\mathrm{S})} = 1\cdot 10^{-21}\ \mathrm{mol^2/L^2}$$

substituiert werden. Mit

$$c(\mathrm{H}_2\mathrm{S}) = \frac{c^2(\mathrm{H}^+)\,c(\mathrm{S}^{2-})}{K_{S1}\,K_{S2}} \qquad\qquad \text{und}$$

$$c(\mathrm{HS}^-) = \frac{c(\mathrm{H}^+)\,c(\mathrm{S}^{2-})}{K_{S2}}$$

nimmt die Bilanz die folgende Form an:

$$c(\mathrm{S}) = c(\mathrm{S}^{2-}) \left[\frac{c^2(\mathrm{H}^+)}{K_{S1}\, K_{S2}} + \frac{c(\mathrm{H}^+)}{K_{S2}} + 1 \right].$$

Daraus ergibt sich die Sulfidionenkonzentration zu:

$$c(\mathrm{S}^{2-}) = \frac{c(\mathrm{S})}{\dfrac{c^2(\mathrm{H}^+)}{K_{S1}\, K_{S2}} + \dfrac{c(\mathrm{H}^+)}{K_{S2}} + 1} = \frac{1 \cdot 10^{-5}\ \mathrm{mol/L}}{\dfrac{1 \cdot 10^{-14}\ \mathrm{mol^2/L^2}}{1 \cdot 10^{-21}\ \mathrm{mol^2/L^2}} + \dfrac{1 \cdot 10^{-7}\ \mathrm{mol/L}}{1 \cdot 10^{-14}\ \mathrm{mol/L}} + 1}$$

$$c(\mathrm{S}^{2-}) = 5 \cdot 10^{-13}\, \mathrm{mol/L}.$$

Damit kann das Produkt der aktuell vorliegenden Konzentrationen gebildet werden:

$$Q = c(\mathrm{Fe}^{2+})\, c(\mathrm{S}^{2-}) = 2 \cdot 10^{-5}\ \mathrm{mol/L} \cdot 5 \cdot 10^{-13}\ \mathrm{mol/L} = \underline{1 \cdot 10^{-17}\ \mathrm{mol^2/L^2}}.$$

Q ist nun mit dem Löslichkeitsprodukt zu vergleichen. Dieses ergibt sich aus pK_L = 18,1 zu:

$$K_L = 10^{-pK_L} = 10^{-18,1}\, \mathrm{mol^2/L^2} = \underline{7{,}94 \cdot 10^{-19}\, \mathrm{mol^2/L^2}}.$$

Es zeigt sich, daß Q größer ist als das Löslichkeitsprodukt K_L. Damit ist eine Ausfällung von FeS zu erwarten.

$\boxed{\textbf{L 5.9}}$ Das Löslichkeitsprodukt für Ca(OH)$_2$ lautet:

$$K_L = c(\mathrm{Ca}^{2+})\, c^2(\mathrm{OH}^-).$$

Beim Auflösen des Ca(OH)$_2$ entstehen pro mol Ca^{2+} 2 mol OH$^-$. Es gilt daher:

$$c(\mathrm{Ca}^{2+}) = 0{,}5\, c(\mathrm{OH}^-).$$

Daraus folgt $K_L = 0{,}5\, c(\mathrm{OH}^-)\, c^2(\mathrm{OH}^-) = 0{,}5\, c^3(\mathrm{OH}^-)$ und

$$c(\mathrm{OH}^-) = \sqrt[3]{2\, K_L} = \sqrt[3]{2 \cdot 5{,}5 \cdot 10^{-6}\, \mathrm{mol^3/L^3}} = 0{,}022\ \mathrm{mol/L}.$$ Der gesuchte pH-Wert ergibt sich schließlich unter Berücksichtigung des Ionenprodukts K_W nach:

$$p\mathrm{OH} = -\lg c(\mathrm{OH}^-) = 1{,}66$$

$$p\mathrm{H} = pK_W - p\mathrm{OH} = 14 - 1{,}66 = \underline{12{,}34}.$$

$\boxed{\textbf{L 5.10}}$ Für die Löslichkeit (Sättigungskonzentration) eines 2-2-wertigen Elektrolyten MeA gilt allgemein:

$$c_s = c(\mathrm{Me}^{2+}) = c(\mathrm{A}^{2-}).$$

Im vorliegenden Fall ist aber die – zumindest teilweise – Protonierung des Sulfids zu HS^- und H_2S zu berücksichtigen (vgl. auch L 5.6). An die Stelle der Anionenkonzentration tritt daher die Summe der Konzentrationen der drei Spezies S^{2-}, HS^-, H_2S. Für MnS gilt also:

$$c_s = c(Mn^{2+}) = c(S^{2-}) + c(HS^-) + c(H_2S)$$

Die im Löslichkeitsprodukt nicht auftretenden Konzentrationen von HS^- und H_2S können mit Hilfe der Säurekonstanten substituiert werden:

$$c(HS^-) = \frac{c(H^+)\,c(S^{2-})}{K_{S2}}$$

$$c(H_2S) = \frac{c(H^+)\,c(HS^-)}{K_{S1}} = \frac{c^2(H^+)\,c(S^{2-})}{K_{S1}\,K_{S2}}\,.$$

Damit erhält man

$$c_s = c(Mn^{2+}) = c(S^{2-})\left[1 + \frac{c(H^+)}{K_{S2}} + \frac{c^2(H^+)}{K_{S1}\,K_{S2}}\right].$$

Um die Beziehung zum Löslichkeitsprodukt herzustellen, werden die Konzentrationen von Mn^{2+} und S^{2-} durch die Sättigungskonzentration ausgedrückt und in die Gleichung für das Löslichkeitsprodukt eingesetzt:

$$c(Mn^{2+}) = c_s$$

$$c(S^{2-}) = \frac{c_s}{1 + \dfrac{c(H^+)}{K_{S2}} + \dfrac{c^2(H^+)}{K_{S1}\,K_{S2}}}$$

$$K_L = c(Mn^{2+})\,c(S^{2-}) = \frac{c_s^2}{1 + \dfrac{c(H^+)}{K_{S2}} + \dfrac{c^2(H^+)}{K_{S1}\,K_{S2}}}\,.$$

Damit ergibt sich schließlich für c_s:

$$c_s = \sqrt{K_L\left(1 + \frac{c(H^+)}{K_{S2}} + \frac{c^2(H^+)}{K_{S1}\,K_{S2}}\right)}\,.$$

Für $pH = 6$ ($c(H^+) = 10^{-6}$ mol/L) erhält man somit:

$$c_s = \sqrt{10^{-15}\ \text{mol}^2/\text{L}^2\left(1 + \frac{10^{-6}\ \text{mol/L}}{10^{-14}\ \text{mol/L}} + \frac{10^{-12}\ \text{mol}^2/\text{L}^2}{10^{-21}\ \text{mol}^2/\text{L}^2}\right)}$$

$$c_s = \sqrt{10^{-15}(1+10^8+10^9)} \text{ mol/L} = 1{,}05\cdot10^{-3} \text{ mol/L}.$$

In analoger Weise ergibt sich für $pH = 8$ ($c(\text{H}^+) = 10^{-8}$ mol/L):

$$c_s = \sqrt{10^{-15} \text{ mol}^2/\text{L}^2 \left(1+\frac{10^{-8}\text{mol/L}}{10^{-14}\text{ mol/L}}+\frac{10^{-16}\text{ mol}^2/\text{L}^2}{10^{-21}\text{ mol}^2/\text{L}^2}\right)}$$

$$c_s = \sqrt{10^{-15}(1+10^6+10^5)} \text{ mol/L} = 3{,}3\cdot10^{-5} \text{ mol/L}.$$

Eine vereinfachte Berechnung ist möglich, wenn man in Abhängigkeit vom pH-Wert bestimmte Spezieskonzentrationen vernachlässigt.

Für $pH = 6$ gilt $pH < pK_{S1}$. In diesem pH-Bereich ist $c(\text{H}_2\text{S}) > c(\text{HS}^-)$ und $c(\text{H}_2\text{S}) > c(\text{S}^{2-})$. Die maßgebliche Protolysereaktion ist daher die Umwandlung von S^{2-} in H_2S. Damit gilt:

$$c_s = c(\text{Mn}^{2+}) = c(\text{S}^{2-})+c(\text{HS}^-)+c(\text{H}_2\text{S}) \approx c(\text{H}_2\text{S})$$

$$K_L = c(\text{Mn}^{2+})\,c(\text{S}^{2-}) = c(\text{Mn}^{2+})\frac{K_{S1}\,K_{S2}\,c(\text{H}_2\text{S})}{c^2(\text{H}^+)} = c_s\frac{c_s\,K_{S1}\,K_{S2}}{c^2(\text{H}^+)}$$

und

$$c_s = \sqrt{K_L\,\frac{c^2(\text{H}^+)}{K_{S1}\,K_{S2}}} = \sqrt{10^{-15}\text{ mol}^2/\text{L}^2\,\frac{10^{-12}\text{ mol}^2/\text{L}^2}{10^{-21}\text{ mol}^2/\text{L}^2}} = 1\cdot10^{-3}\text{ mol/L}.$$

Für $pH = 8$ gilt $pK_{S1} < pH < pK_{S2}$. In diesem pH-Bereich ist $c(\text{HS}^-) > c(\text{H}_2\text{S})$ und $c(\text{HS}^-) > c(\text{S}^{2-})$. Die maßgebliche Protolysereaktion ist hier also die Umwandlung von S^{2-} in HS^-. Unter diesen Bedingungen erhält man:

$$c_s = c(\text{Mn}^{2+}) = c(\text{S}^{2-})+c(\text{HS}^-)+c(\text{H}_2\text{S}) \approx c(\text{HS}^-)$$

$$K_L = c(\text{Mn}^{2+})\,c(\text{S}^{2-}) = c(\text{Mn}^{2+})\frac{K_{S2}\,c(\text{HS}^-)}{c(\text{H}^+)} = c_s\frac{c_s\,K_{S2}}{c(\text{H}^+)}$$

$$c_s = \sqrt{K_L\,\frac{c(\text{H}^+)}{K_{S2}}} = \sqrt{10^{-15}\text{ mol}^2/\text{L}^2\,\frac{10^{-8}\text{ mol/L}}{10^{-14}\text{ mol/L}}} = 3{,}16\cdot10^{-5}\text{ mol/L}.$$

Es ist zu erkennen, daß in beiden Fällen die Abweichungen von den exakten Werten nicht sehr groß sind.

L 5.11 Da sich das Löslichkeitsprodukt auf molare Konzentrationen bezieht, wird zunächst die Mg^{2+}-Konzentration umgerechnet:

$$c(\text{Mg}^{2+}) = \frac{\beta(\text{Mg}^{2+})}{M(\text{Mg})} = \frac{20 \text{ mg/L}}{24,3 \text{ mg/mmol}} = 0,823 \text{ mmol/L} = 0,823 \cdot 10^{-3} \text{ mol/L}.$$

Für das Löslichkeitsprodukt des Mg(OH)_2 gilt:

$$K_L = c(\text{Mg}^{2+})\, c^2(\text{OH}^-) = 1 \cdot 10^{-11} \text{ mol}^3/\text{L}^3.$$

Nach Umstellen erhält man die Konzentration an OH^--Ionen im Gleichgewicht:

$$c(\text{OH}^-) = \sqrt{\frac{K_L}{c(\text{Mg}^{2+})}} = \sqrt{\frac{1 \cdot 10^{-11} \text{ mol}^3/\text{L}^3}{0,823 \cdot 10^{-3} \text{ mol/L}}} = \sqrt{1,215 \cdot 10^{-8} \text{ mol}^2/\text{L}^2}$$

$$c(\text{OH}^-) = 1,1 \cdot 10^{-4} \text{ mol/L}$$

$$p\text{OH} = -\lg c(\text{OH}^-) = 3,96.$$

Daraus ergibt sich schließlich der pH-Wert für den Fällungsbeginn zu:

$$p\text{H} = pK_W - p\text{OH} = 14 - 3,96 = \underline{10,04}.$$

Bei höheren pH-Werten (höheren Hydroxidionenkonzentrationen) wird das Löslichkeitsprodukt überschritten und Mg(OH)_2 fällt aus.

L 5.12 a) Die untere Grenze des Fällungsbereiches ist festgelegt durch die zum Grenzwert gehörende Gleichgewichtskonzentration an OH^-. Da sich die Gleichgewichtskonstante auf molare Konzentrationen bezieht, ist zunächst der als Massenkonzentration gegebene Grenzwert umzurechnen:

$$c(\text{Ni}^{2+}) = \frac{\beta(\text{Ni}^{2+})}{M(\text{Ni})} = \frac{0,5 \text{ mg/L}}{58,7 \text{ mg/mmol}} = 8,52 \cdot 10^{-3} \text{ mmol/L} = 8,52 \cdot 10^{-6} \text{ mol/L}.$$

Die Gleichgewichtskonzentration an OH^- ergibt sich aus dem Löslichkeitsprodukt nach:

$$K_L = 10^{-pK_L} = c(\text{Ni}^{2+})\, c^2(\text{OH}^-)$$

$$c(\text{OH}^-) = \sqrt{\frac{K_L}{c(\text{Ni}^{2+})}} = \sqrt{\frac{10^{-13,8} \text{ mol}^3/\text{L}^3}{8,52 \cdot 10^{-6} \text{ mol/L}}} = \sqrt{1,86 \cdot 10^{-9} \text{ mol}^2/\text{L}^2}$$

$$c(\text{OH}^-) = 4,31 \cdot 10^{-5} \text{ mol/L} \quad \Rightarrow \quad p\text{OH} = -\lg c(\text{OH}^-) = 4,37.$$

Mit dem Ionenprodukt des Wassers $pK_W = -\lg K_W = 14$ erhält man schließlich den gesuchten pH-Wert, bei dem der vorgegebene Grenzwert gerade eingehalten wird:

$$p\text{H} = pK_W - p\text{OH} = 14 - 4,37 = \underline{9,63}.$$

Wegen der Konstanz des Löslichkeitsprodukts hat eine weitere Erhöhung des pH-Wertes eine Verringerung der verbleibenden Metallionenkonzentration zur Folge.

b) Die Lösung erfolgt auf analoge Weise:

$$c(\mathrm{Cu}^{2+}) = \frac{\beta(\mathrm{Cu}^{2+})}{M(\mathrm{Cu})} = \frac{0{,}5\ \mathrm{mg/L}}{63{,}5\ \mathrm{mg/mmol}} = 7{,}87\cdot10^{-3}\,\mathrm{mmol/L} = 7{,}87\cdot10^{-6}\,\mathrm{mol/L}$$

$$K_L = 10^{-pK_L} = c(\mathrm{Cu}^{2+})\,c^2(\mathrm{OH}^-)$$

$$c(\mathrm{OH}^-) = \sqrt{\frac{K_L}{c(\mathrm{Cu}^{2+})}} = \sqrt{\frac{10^{-19,3}\,\mathrm{mol}^3/\mathrm{L}^3}{7{,}87\cdot10^{-6}\,\mathrm{mol/L}}} = \sqrt{6{,}37\cdot10^{-15}\,\mathrm{mol}^2/\mathrm{L}^2}$$

$$c(\mathrm{OH}^-) = 7{,}98\cdot10^{-8}\,\mathrm{mol/L} \quad \Rightarrow \quad p\mathrm{OH} = -\lg c(\mathrm{OH}^-) = 7{,}1$$

$$p\mathrm{H} = pK_W - p\mathrm{OH} = 14 - 7{,}1 = \underline{6{,}9}\,.$$

L 5.13 Für die molare Löslichkeit c_s gilt, wenn man die Folgereaktionen der bei der Auflösung primär entstehenden Fe^{3+} und $\mathrm{PO_4}^{3-}$-Ionen berücksichtigt (vgl. L 5.6 und L 5.10):

$$c_s = c(\mathrm{Fe}^{3+}) + c(\mathrm{FeOH}^{2+}) + c(\mathrm{Fe(OH)_2^+})$$

$$c_s = c(\mathrm{H_3PO_4}) + c(\mathrm{H_2PO_4^-}) + c(\mathrm{HPO_4^{2-}}) + c(\mathrm{PO_4^{3-}})\,.$$

Der pK_S-Wert ($= -\lg K_S$) für die Protolyse des Fe^{3+} liegt bei $pK_{S1}{}^* = 2{,}2$, also deutlich niedriger als der pH-Wert 6. Man kann daher annehmen, daß das Fe^{3+} aus der Auflösung des Eisenphosphats praktisch vollständig zu Hydroxokomplexen umgewandelt wird. Für das Phosphat gilt wegen $pK_{S3} = 12{,}3$, daß bei $p\mathrm{H} = 6$ praktisch nur die protonierten Formen vorliegen, wobei zusätzlich wegen $pK_{S1} = 2$ die Bildung der undissoziierten Phosphorsäure $\mathrm{H_3PO_4}$ zu vernachlässigen ist. Damit vereinfachen sich die obigen Gleichungen zu:

$$c_s = c(\mathrm{FeOH}^{2+}) + c(\mathrm{Fe(OH)_2^+}) \qquad\qquad c_s = c(\mathrm{H_2PO_4^-}) + c(\mathrm{HPO_4^{2-}})\,.$$

Um eine Verbindung zum gegebenen Löslichkeitsprodukt

$$K_L = c(\mathrm{Fe}^{3+})\,c(\mathrm{PO_4^{3-}})$$

herzustellen, sind die unbekannten Spezieskonzentrationen durch die Eisen- bzw. Phosphatkonzentration auszudrücken. Dies gelingt unter Verwendung der Gleichgewichtsbeziehungen. Für Hydrogen- und Dihydrogenphosphat ergibt sich:

$$K_{S3} = \frac{c(\mathrm{H}^+)\,c(\mathrm{PO_4^{3-}})}{c(\mathrm{HPO_4^{2-}})} \qquad \Rightarrow \qquad c(\mathrm{HPO_4^{2-}}) = \frac{c(\mathrm{H}^+)}{K_{S3}}\,c(\mathrm{PO_4^{3-}})$$

$$K_{S2}K_{S3} = \frac{c^2(\mathrm{H}^+)\,c(\mathrm{PO}_4^{3-})}{c(\mathrm{H}_2\mathrm{PO}_4^-)} \qquad \Rightarrow \qquad c(\mathrm{H}_2\mathrm{PO}_4^-) = \frac{c^2(\mathrm{H}^+)}{K_{S2}\,K_{S3}}\,c(\mathrm{PO}_4^{3-}).$$

Damit erhält man für c_s:

$$c_s = c(\mathrm{PO}_4^{3-})\left[\frac{c^2(\mathrm{H}^+)}{K_{S2}K_{S3}} + \frac{c(\mathrm{H}^+)}{K_{S3}}\right]$$

$$c(\mathrm{PO}_4^{3-}) = \frac{c_s}{\dfrac{c^2(\mathrm{H}^+)}{K_{S2}K_{S3}} + \dfrac{c(\mathrm{H}^+)}{K_{S3}}}.$$

In analoger Weise werden die Konzentrationen der Hydroxokomplexe des Eisens mit Hilfe der Gleichgewichtskonstanten substituiert:

$$K_{S1}^* = \frac{c(\mathrm{H}^+)\,c(\mathrm{FeOH}^{2+})}{c(\mathrm{Fe}^{3+})} \qquad \Rightarrow \qquad c(\mathrm{FeOH}^{2+}) = \frac{K_{S1}^*}{c(\mathrm{H}^+)}\,c(\mathrm{Fe}^{3+})$$

$$K_{S1}^*\,K_{S2}^* = \frac{c^2(\mathrm{H}^+)\,c(\mathrm{Fe(OH)}_2^+)}{c(\mathrm{Fe}^{3+})} \qquad \Rightarrow \qquad c(\mathrm{Fe(OH)}_2^+) = \frac{K_{S1}^*\,K_{S2}^*}{c^2(\mathrm{H}^+)}\,c(\mathrm{Fe}^{3+})$$

$$c_s = c(\mathrm{Fe}^{3+})\left[\frac{K_{S1}^*}{c(\mathrm{H}^+)} + \frac{K_{S1}^*\,K_{S2}^*}{c^2(\mathrm{H}^+)}\right].$$

$$c(\mathrm{Fe}^{3+}) = \frac{c_s}{\dfrac{K_{S1}^*}{c(\mathrm{H}^+)} + \dfrac{K_{S1}^*\,K_{S2}^*}{c^2(\mathrm{H}^+)}}$$

Damit läßt sich der Zusammenhang zwischen c_s und K_L herstellen:

$$K_L = c(\mathrm{Fe}^{3+})\,c(\mathrm{PO}_4^{3-})$$

$$K_L = \frac{c_s}{\dfrac{K_{S1}^*}{c(\mathrm{H}^+)} + \dfrac{K_{S1}^*\,K_{S2}^*}{c^2(\mathrm{H}^+)}} \cdot \frac{c_s}{\dfrac{c^2(\mathrm{H}^+)}{K_{S2}K_{S3}} + \dfrac{c(\mathrm{H}^+)}{K_{S3}}}$$

$$c_s = \sqrt{K_L\left(\frac{c^2(\mathrm{H}^+)}{K_{S2}K_{S3}} + \frac{c(\mathrm{H}^+)}{K_{S3}}\right)\left(\frac{K_{S1}^*}{c(\mathrm{H}^+)} + \frac{K_{S1}^*K_{S2}^*}{c^2(\mathrm{H}^+)}\right)}.$$

Mit den Ausgangsdaten

$$c(\mathrm{H}^+) = 10^{-6}\,\mathrm{mol/L} \qquad\qquad c^2(\mathrm{H}^+) = 10^{-12}\,\mathrm{mol}^2/\mathrm{L}^2$$

$$K_{S3} = 5 \cdot 10^{-13}\,\text{mol/L}$$

$$K_{S2}K_{S3} = 7{,}9 \cdot 10^{-8}\,\text{mol/L} \cdot 5 \cdot 10^{-13}\,\text{mol/L} = 3{,}95 \cdot 10^{-20}\,\text{mol}^2/\text{L}^2$$

$$K_{S1}^{*} = 6{,}3 \cdot 10^{-3}\,\text{mol/L}$$

$$K_{S1}^{*}K_{S2}^{*} = 6{,}3 \cdot 10^{-3}\,\text{mol/L} \cdot 3{,}4 \cdot 10^{-4}\,\text{mol/L} = 2{,}14 \cdot 10^{-6}\,\text{mol}^2/\text{L}^2$$

ergibt sich:

$$\frac{c^2(\text{H}^+)}{K_{S2}K_{S3}} + \frac{c(\text{H}^+)}{K_{S3}} = \frac{1 \cdot 10^{-12}}{3{,}95 \cdot 10^{-20}} + \frac{1 \cdot 10^{-6}}{5 \cdot 10^{-13}} = 2{,}53 \cdot 10^7 + 2 \cdot 10^6 = 2{,}73 \cdot 10^7$$

und

$$\frac{K_{S1}^{*}}{c(\text{H}^+)} + \frac{K_{S1}^{*}K_{S2}^{*}}{c^2(\text{H}^+)} = \frac{6{,}3 \cdot 10^{-3}}{1 \cdot 10^{-6}} + \frac{2{,}14 \cdot 10^{-6}}{1 \cdot 10^{-12}} = 6{,}3 \cdot 10^3 + 2{,}14 \cdot 10^6 = 2{,}15 \cdot 10^6.$$

Somit erhält man schließlich mit $K_L = 1 \cdot 10^{-26}\,\text{mol}^2/\text{L}^2$ die Sättigungskonzentration:

$$c_s = \sqrt{1 \cdot 10^{-26}\,\text{mol}^2/\text{L}^2 \cdot 2{,}73 \cdot 10^7 \cdot 2{,}15 \cdot 10^6}$$

$$c_s = \sqrt{5{,}87 \cdot 10^{-13}\,\text{mol}^2/\text{L}^2} = \underline{7{,}66 \cdot 10^{-7}\,\text{mol/L}}\,.$$

Lösungen zu Kapitel 6

L 6.1 Die individuellen Konstanten beziehen sich auf die sukzessive Anlagerung jeweils eines Ligandteilchens, hier also:

$$Cu^{2+} + CO_3^{2-} \rightleftharpoons CuCO_3{}^0 \qquad K_1$$

$$CuCO_3{}^0 + CO_3^{2-} \rightleftharpoons Cu(CO_3)_2{}^{2-} \qquad K_2 \; .$$

Die Bruttostabilitätskonstante bezieht sich dagegen auf die Bruttoreaktion, in diesem Fall:

$$Cu^{2+} + 2\,CO_3^{2-} \rightleftharpoons Cu(CO_3)_2{}^{2-} \qquad \beta_2 \; .$$

Es gilt daher:

$$\beta_2 = \frac{c(Cu(CO_3)_2^{2-})}{c(Cu^{2+})\,c^2(CO_3^{2-})} = \frac{c(Cu(CO_3)_2^{2-})}{c(CuCO_3^0)\,c(CO_3^{2-})} \cdot \frac{c(CuCO_3^0)}{c(Cu^{2+})\,c(CO_3^{2-})}$$

$$\beta_2 = K_1\,K_2 = 5{,}37 \cdot 10^6 \; \text{L/mol} \cdot 1{,}26 \cdot 10^3 \; \text{L/mol} = \underline{6{,}77 \cdot 10^9 \; \text{L}^2/\text{mol}^2} \; .$$

Dissoziationskonstanten sind für die jeweiligen Rückreaktionen definiert. Damit entspricht die Dissoziationskonstante β_{diss} dem Reziprokwert der Stabilitätskonstante β_2:

$$Cu(CO_3)_2{}^{2-} \rightleftharpoons Cu^{2+} + 2\,CO_3^{2-}$$

$$\beta_{diss} = \frac{c(Cu^{2+})\,c^2(CO_3^{2-})}{c(Cu(CO_3)_2^{2-})} = \frac{1}{\beta_2} = \underline{1{,}48 \cdot 10^{-10} \; \text{mol}^2/\text{L}^2} \; .$$

L 6.2 Für die erste Reaktion läßt sich das Massenwirkungsgesetz wie folgt formulieren:

$$K = \frac{c(Zn(OH)_4^{2-})\,c^4(H^+)}{c(Zn^{2+})} \; .$$

Erweitern mit $c^4(OH^-)$ liefert:

$$K = \frac{c(Zn(OH)_4^{2-})\,c^4(H^+)\,c^4(OH^-)}{c(Zn^{2+})\,c^4(OH^-)} = \frac{c(Zn(OH)_4^{2-})}{c(Zn^{2+})\,c^4(OH^-)} \cdot c^4(H^+) \cdot c^4(OH^-)$$

$$K = \beta_4\,K_W^4 \; .$$

Für die gesuchte Konstante β_4 ergibt sich somit:

$$\beta_4 = \frac{K}{K_W^4} = \frac{6\cdot 10^{-42}\ \text{mol}^4/\text{L}^4}{(1\cdot 10^{-14}\ \text{mol}^2/\text{L}^2)^4} = 6\cdot 10^{14}\ \text{L}^4/\text{mol}^4\ .$$

$\boxed{\text{L 6.3}}$ Die Komplexdissoziationskonstante β_{diss} ist die Gleichgewichtskonstante

der Reaktion $\quad Cu(OH)_4^{2-} \rightleftharpoons Cu^{2+} + 4\ OH^-$.

Addiert man diese Reaktionsgleichung zur Gleichung

$Cu^{2+} + 4\ H_2O \rightleftharpoons Cu(OH)_4^{2-} + 4\ H^+$, so erhält man

$4\ H_2O \rightleftharpoons 4\ H^+ + 4\ OH^-$.

Die Gleichgewichtskonstante hierfür ergibt sich aus dem Ionenprodukt des Wassers zu

$$K_W^4 = c^4(H^+)\, c^4(OH^-)\ .$$

Generell gilt, daß bei der Addition von Reaktionsgleichungen die Konstanten der Teilreaktionen zu multiplizieren sind. Im vorliegenden Fall ergibt sich also folgender Zusammenhang:

$$K\,\beta_{diss} = \frac{c(Cu(OH)_4^{2-})\, c^4(H^+)}{c(Cu^{2+})}\,\frac{c(Cu^{2+})\, c^4(OH^-)}{c(Cu(OH)_4^{2-})} = c^4(H^+)\, c^4(OH^-) = K_W^4\ .$$

Damit läßt sich β_{diss} berechnen:

$$\beta_{diss} = \frac{K_W^4}{K} = \frac{(1\cdot 10^{-14}\ \text{mol}^2/\text{L}^2)^4}{2{,}5\cdot 10^{-40}\ \text{mol}^4/\text{L}^4} = 4\cdot 10^{-17}\ \text{mol}^4/\text{L}^4\ .$$

Die Bruttostabilitätskonstante β_4 bezieht sich auf die Reaktion

$Cu^{2+} + 4\ OH^- \rightleftharpoons Cu(OH)_4^{2-}$.

Diese Reaktion ist die Rückreaktion zur Dissoziation. Die Konstanten verhalten sich dementsprechend wie Wert zu Kehrwert:

$$\beta_4 = \frac{c(Cu(OH)_4^{2-})}{c(Cu^{2+})\, c^4(OH^-)} = \frac{1}{\beta_{diss}} = \frac{1}{4\cdot 10^{-17}\ \text{mol}^4/\text{L}^4} = 2{,}5\cdot 10^{16}\ \text{L}^4/\text{mol}^4\ .$$

$\boxed{\text{L 6.4}}$ Das Massenwirkungsgesetz für die Komplexbildung wird nach $c(Al(OH)_4^-)$ umgestellt:

$$c(Al(OH)_4^-) = \beta_4 \cdot c(Al^{3+}) \cdot c^4(OH^-)\ .$$

Zur Berechnung von $c(Al(OH)_4^-)$ kann $c(Al^{3+})$ zunächst durch das Löslichkeitsprodukt substituiert werden:

$$c(Al^{3+}) = \frac{K_L}{c^3(OH^-)} \qquad \Rightarrow \qquad c(Al(OH)_4^-) = \beta_4 \cdot K_L \cdot c(OH^-).$$

Die Konzentration der Hydroxidionen erhält man aus dem pH-Wert über das Ionenprodukt des Wassers:

$$c(OH^-) = \frac{K_W}{c(H^+)} = \frac{1 \cdot 10^{-14} \ mol^2/L^2}{1 \cdot 10^{-8} \ mol/L} = 1 \cdot 10^{-6} \ mol/L.$$

Damit ergibt sich für die Konzentration der Aluminationen:

$$c(Al(OH)_4^-) = 6 \cdot 10^{33} \ L^4/mol^4 \cdot 1 \cdot 10^{-34} \ mol^4/L^4 \cdot 1 \cdot 10^{-6} \ mol/L = \underline{6 \cdot 10^{-7} \ mol/L}.$$

Die Konzentration $c(Al^{3+})$ ergibt sich direkt aus dem Löslichkeitsprodukt (s. o.):

$$c(Al^{3+}) = \frac{K_L}{c^3(OH^-)} = \frac{1 \cdot 10^{-34} \ mol^4/L^4}{1 \cdot 10^{-18} \ mol^3/L^3} = \underline{1 \cdot 10^{-16} \ mol/L}.$$

$\boxed{\textbf{L 6.5}}$ Die Cadmiumbilanz lautet:

$$c(Cd) = c(Cd^{2+}) + c(CdCO_3^0) + c(CdOH^+) + c(Cd(OH)_2^0) \ .$$

Als Gleichgewichtsbeziehungen kommen in Betracht:

$$\beta(CdCO_3^0) = \frac{c(CdCO_3^0)}{c(Cd^{2+})\,c(CO_3^{2-})}$$

$$\beta(CdOH^+) = \frac{c(CdOH^+)}{c(Cd^{2+})\,c(OH^-)}$$

$$\beta(Cd(OH)_2^0) = \frac{c(Cd(OH)_2^0)}{c(Cd^{2+})\,c^2(OH^-)}.$$

Damit können die Konzentrationen der Komplexteilchen in der Bilanz substituiert werden. Durch Umstellen der entstehenden Gleichung erhält man schließlich das gesuchte Verhältnis $c(Cd^{2+})/c(Cd)$.

$$c(Cd) = c(Cd^{2+}) + \beta(CdCO_3^0)\,c(Cd^{2+})\,c(CO_3^{2-}) + \beta(CdOH^+)\,c(Cd^{2+})\,c(OH^-) +$$
$$+ \beta(Cd(OH)_2^0)\,c(Cd^{2+})\,c^2(OH^-)$$

$$c(Cd) = c(Cd^{2+})[1 + \beta(CdCO_3^0)\,c(CO_3^{2-}) + \beta(CdOH^+)\,c(OH^-) +$$
$$+ \beta(Cd(OH)_2^0)\,c^2(OH^-)]$$

$$\frac{c(\mathrm{Cd}^{2+})}{c(\mathrm{Cd})} = \frac{1}{1 + \beta(\mathrm{CdCO}_3^0)\, c(\mathrm{CO}_3^{2-}) + \beta(\mathrm{CdOH}^+)\, c(\mathrm{OH}^-) + \beta(\mathrm{Cd(OH)}_2^0)\, c^2(\mathrm{OH}^-)}$$

Mit $c(\mathrm{CO}_3^{2-}) = 1 \cdot 10^{-5}$ mol/L und

$$c(\mathrm{OH}^-) = \frac{K_W}{c(\mathrm{H}^+)} = \frac{1 \cdot 10^{-14}\,\mathrm{mol}^2/\mathrm{L}^2}{1 \cdot 10^{-8}\,\mathrm{mol/L}} = 1 \cdot 10^{-6}\,\mathrm{mol/L}$$

findet man:

$$\beta(\mathrm{CdCO}_3^0)\, c(\mathrm{CO}_3^{2-}) = 2{,}5 \cdot 10^5\,\mathrm{L/mol} \cdot 1 \cdot 10^{-5}\,\mathrm{mol/L} = 2{,}5$$

$$\beta(\mathrm{CdOH}^+)\, c(\mathrm{OH}^-) = 8{,}3 \cdot 10^3\,\mathrm{L/mol} \cdot 1 \cdot 10^{-6}\,\mathrm{mol/L} = 8{,}3 \cdot 10^{-3}$$

$$\beta(\mathrm{Cd(OH)}_2^0)\, c^2(\mathrm{OH}^-) = 4{,}5 \cdot 10^7\,\mathrm{L}^2/\mathrm{mol}^2 \cdot (1 \cdot 10^{-6}\,\mathrm{mol/L})^2 = 4{,}5 \cdot 10^{-5}$$

$$\frac{c(\mathrm{Cd}^{2+})}{c(\mathrm{Cd})} = \frac{1}{1 + 2{,}5 + 8{,}3 \cdot 10^{-3} + 4{,}5 \cdot 10^{-5}} = \underline{0{,}285}\ .$$

L 6.6 Der Anteil f der freien Cd^{2+}-Ionen am Gesamtcadmiumgehalt $c(\mathrm{Cd})$ beträgt nach L 6.5:

$$f(\mathrm{Cd}^{2+}) = \frac{c(\mathrm{Cd}^{2+})}{c(\mathrm{Cd})} = 0{,}285 = \underline{28{,}5\,\%}\ .$$

Die übrigen Anteile können unter Verwendung der jeweiligen Gleichgewichtsbeziehungen berechnet werden:

$$\beta(\mathrm{CdCO}_3^0) = \frac{c(\mathrm{CdCO}_3^0)}{c(\mathrm{Cd}^{2+})\, c(\mathrm{CO}_3^{2-})}$$

$$c(\mathrm{CdCO}_3^0) = \beta(\mathrm{CdCO}_3^0)\, c(\mathrm{Cd}^{2+})\, c(\mathrm{CO}_3^{2-})\ .$$

Division durch $c(\mathrm{Cd})$ liefert:

$$\frac{c(\mathrm{CdCO}_3^0)}{c(\mathrm{Cd})} = f(\mathrm{CdCO}_3^0) = \frac{\beta(\mathrm{CdCO}_3^0)\, c(\mathrm{Cd}^{2+})\, c(\mathrm{CO}_3^{2-})}{c(\mathrm{Cd})}$$

$$f(\mathrm{CdCO}_3^0) = f(\mathrm{Cd}^{2+})\, \beta(\mathrm{CdCO}_3^0)\, c(\mathrm{CO}_3^{2-})$$

$$f(\mathrm{CdCO}_3^0) = 0{,}285 \cdot 2{,}5 \cdot 10^5\,\mathrm{L/mol} \cdot 1 \cdot 10^{-5}\,\mathrm{mol/L} = 0{,}713 = \underline{71{,}3\,\%}\ .$$

Analog erhält man für $f(\mathrm{CdOH}^+)$:

$$f(\mathrm{CdOH}^+) = \frac{c(\mathrm{CdOH}^+)}{c(\mathrm{Cd})} = f(\mathrm{Cd}^{2+})\, \beta(\mathrm{CdOH}^+)\, c(\mathrm{OH}^-)$$

$$f(\text{CdOH}^+) = 0{,}285 \cdot 8{,}3 \cdot 10^3 \, \text{L/mol} \cdot 1 \cdot 10^{-6} \, \text{mol/L} = 2{,}37 \cdot 10^{-3} = \underline{0{,}24\,\%}.$$

$f(\text{Cd(OH)}_2^0)$ ergibt sich schließlich zu:

$$f(\text{Cd(OH)}_2^0) = \frac{c(\text{Cd(OH)}_2^0)}{c(\text{Cd})} = f(\text{Cd}^{2+})\, \beta(\text{Cd(OH)}_2^0)\, c^2(\text{OH}^-)$$

$$f(\text{Cd(OH)}_2^0) = 0{,}285 \cdot 4{,}5 \cdot 10^7 \, \text{L}^2/\text{mol}^2 \cdot 10^{-12} \, \text{mol}^2/\text{L}^2 = 1{,}28 \cdot 10^{-5}$$

$$f(\text{Cd(OH)}_2^0) = \underline{1{,}28 \cdot 10^{-3}\,\%}.$$

Probe: $28{,}5\,\% + 71{,}3\,\% + 0{,}24\,\% + 1{,}28 \cdot 10^{-3}\,\% = 100{,}04\,\% \approx 100\,\%$.

L 6.7 Unter a) wurde angenommen, daß der Beitrag von $c(\text{CdNTA}^-)$ zur Gesamtkonzentration $c(\text{NTA})$ vernachlässigbar sei. Dies läßt sich wie folgt begründen: Selbst wenn das gesamte im System vorliegende Cadmium ($1 \cdot 10^{-9}$ mol/L) komplex gebunden wäre, wäre die Komplexkonzentration $c(\text{CdNTA}^-)$ immer noch um den Faktor 100 geringer als die NTA-Gesamtkonzentration.

Für die unter c) gemachte Annahme $c(\text{Ca}) \approx c(\text{Ca}^{2+})$ läßt sich folgende Begründung geben: Die Ca-Gesamtkonzentration ist gleich der Summe aus der Konzentration der Ca^{2+}-Ionen und der Konzentration des Ca-NTA-Komplexes. Da die NTA-Gesamtkonzentration $1 \cdot 10^{-7}$ mol/L beträgt, kann die Konzentration des Calciumkomplexes nicht höher als $1 \cdot 10^{-7}$ mol/L sein. Der Beitrag dieser Konzentration zur Gesamtkonzentration $c(\text{Ca}) = 1 \cdot 10^{-3}$ mol/L ist daher vernachlässigbar.

Für die Lösung dieser Aufgabe gibt es mehrere Wege. Zwei sollen hier angegeben werden.

1. Lösungsweg:

Zunächst wird aus der NTA-Bilanz die Konzentration von NTA^{3-} berechnet. Unter Berücksichtigung der vereinfachenden Annahmen lautet die NTA-Bilanz:

$$c(\text{NTA}) = c(\text{NTA}^{3-}) + c(\text{HNTA}^{2-}) + c(\text{CaNTA}^-)$$

$c(\text{HNTA}^{2-})$ und $c(\text{CaNTA}^-)$ können mit Hilfe der Gleichgewichtsbeziehungen

$$K_S = \frac{c(\text{H}^+)\, c(\text{NTA}^{3-})}{c(\text{HNTA}^{2-})} \qquad\qquad K(\text{CaNTA}^-) = \frac{c(\text{CaNTA}^-)}{c(\text{Ca}^{2+})\, c(\text{NTA}^{3-})}$$

substituiert werden:

$$c(\text{NTA}) = c(\text{NTA}^{3-}) + \frac{c(\text{H}^+)\, c(\text{NTA}^{3-})}{K_S} + K(\text{CaNTA}^-)\, c(\text{Ca}^{2+})\, c(\text{NTA}^{3-})$$

$$c(\text{NTA}) = c(\text{NTA}^{3-})[1 + \frac{c(\text{H}^+)}{K_S} + K(\text{CaNTA}^-)\, c(\text{Ca}^{2+})]\,.$$

Damit läßt sich $c(\text{NTA}^{3-})$ berechnen:

$$c(\text{NTA}^{3-}) = \frac{1 \cdot 10^{-7}\,\text{mol/L}}{1 + \dfrac{1 \cdot 10^{-8}\,\text{mol/L}}{5 \cdot 10^{-11}\,\text{mol/L}} + 4 \cdot 10^{7}\,\text{L/mol} \cdot 1 \cdot 10^{-3}\,\text{mol/L}} = 2{,}49 \cdot 10^{-12}\,\text{mol/L}\,.$$

Jetzt kann $c(\text{Cd}^{2+})$ aus der Cadmiumbilanz berechnet werden, wobei $c(\text{CdNTA}^-)$ durch die Gleichgewichtsbeziehung für die Komplexbildung substituiert wird:

$$c(\text{Cd}) = c(\text{Cd}^{2+}) + c(\text{CdNTA}^-)$$

$$c(\text{Cd}) = c(\text{Cd}^{2+}) + c(\text{Cd}^{2+})\, K(\text{CdNTA}^-)\, c(\text{NTA}^{3-})$$

$$c(\text{Cd}) = c(\text{Cd}^{2+})[1 + K(\text{CdNTA}^-)\, c(\text{NTA}^{3-})]$$

$$c(\text{Cd}^{2+}) = \frac{c(\text{Cd})}{1 + K(\text{CdNTA}^-)\, c(\text{NTA}^{3-})} = \frac{1 \cdot 10^{-9}\,\text{mol/L}}{1 + 1 \cdot 10^{10}\,\text{L/mol} \cdot 2{,}49 \cdot 10^{-12}\,\text{mol/L}}$$

$$c(\text{Cd}^{2+}) = \underline{9{,}76 \cdot 10^{-10}\,\text{mol/L}}\,.$$

Aus der Gleichgewichtsbeziehung folgt schließlich:

$$c(\text{CdNTA}^-) = K(\text{CdNTA}^-)\, c(\text{Cd}^{2+})\, c(\text{NTA}^{3-})$$

$$c(\text{CdNTA}^-) = 1 \cdot 10^{10}\,\text{L/mol} \cdot 9{,}75 \cdot 10^{-10}\,\text{mol/L} \cdot 2{,}49 \cdot 10^{-12}\,\text{mol/L}$$

$$c(\text{CdNTA}^-) = \underline{2{,}43 \cdot 10^{-11}\,\text{mol/L}}\,.$$

Auf analoge Weise erhält man die Konzentrationen an Ca^{2+} und CaNTA^-:

$$c(\text{Ca}) = c(\text{Ca}^{2+}) + c(\text{CaNTA}^-)$$

$$c(\text{Ca}) = c(\text{Ca}^{2+}) + c(\text{Ca}^{2+})\, K(\text{CaNTA}^-)\, c(\text{NTA}^{3-})$$

$$c(\text{Ca}) = c(\text{Ca}^{2+})[1 + K(\text{CaNTA}^-)\, c(\text{NTA}^{3-})]$$

$$c(\text{Ca}^{2+}) = \frac{c(\text{Ca})}{1 + K(\text{CaNTA}^-)\, c(\text{NTA}^{3-})} = \frac{1 \cdot 10^{-3}\,\text{mol/L}}{1 + 4 \cdot 10^{7}\,\text{L/mol} \cdot 2{,}49 \cdot 10^{-12}\,\text{mol/L}}$$

$$c(\text{Ca}^{2+}) = \underline{1 \cdot 10^{-3}\,\text{mol/L}} \quad (\text{vgl. auch Annahme c!})$$

$$c(\text{CaNTA}^-) = K(\text{CaNTA}^-)\, c(\text{Ca}^{2+})\, c(\text{NTA}^{3-})$$

$$c(\text{CaNTA}^-) = 4 \cdot 10^{7}\,\text{L/mol} \cdot 1 \cdot 10^{-3}\,\text{mol/L} \cdot 2{,}49 \cdot 10^{-12}\,\text{mol/L} = \underline{9{,}96 \cdot 10^{-8}\,\text{mol/L}}\,.$$

Die Verhältnisse von freien zu komplex gebundenen Teilchen ergeben damit zu:

$$\frac{c(\mathrm{Cd}^{2+})}{c(\mathrm{CdNTA}^-)} = \frac{9{,}76 \cdot 10^{-10}\,\mathrm{mol/L}}{2{,}43 \cdot 10^{-11}\,\mathrm{mol/L}} = \underline{40{,}2} \qquad \text{und}$$

$$\frac{c(\mathrm{Ca}^{2+})}{c(\mathrm{CaNTA}^-)} = \frac{1 \cdot 10^{-3}\,\mathrm{mol/L}}{9{,}96 \cdot 10^{-8}\,\mathrm{mol/L}} = \underline{1 \cdot 10^{4}}\,.$$

2. Lösungsweg:

Der erste Schritt ist wieder die Bestimmung der NTA^{3-}-Konzentration. Diese beträgt, wie oben gezeigt, $c(\mathrm{NTA}^{3-}) = 2{,}49 \cdot 10^{-12}$ mol/L.

Mit K_S ergibt sich für $pH = 8$ die Konzentration $c(\mathrm{HNTA}^{2-})$:

$$c(\mathrm{HNTA}^{2-}) = \frac{c(\mathrm{H}^+)\,c(\mathrm{NTA}^{3-})}{K_S} = \frac{1 \cdot 10^{-8}\,\mathrm{mol/L} \cdot 2{,}49 \cdot 10^{-12}\,\mathrm{mol/L}}{5 \cdot 10^{-11}\,\mathrm{mol/L}}$$

$$c(\mathrm{HNTA}^{2-}) = 4{,}98 \cdot 10^{-10}\,\mathrm{mol/L}\,.$$

Durch Umstellen der vereinfachten NTA-Bilanz ist die Konzentration des Ca-Komplexes zugänglich:

$$c(\mathrm{CaNTA}^-) = c(\mathrm{NTA}) - c(\mathrm{NTA}^{3-}) - c(\mathrm{HNTA}^{2-})$$

$$c(\mathrm{CaNTA}^-) = 1 \cdot 10^{-7}\,\mathrm{mol/L} - 2{,}49 \cdot 10^{-12}\,\mathrm{mol/L} - 4{,}98 \cdot 10^{-10}\,\mathrm{mol/L}$$

$$c(\mathrm{CaNTA}^-) = \underline{9{,}95 \cdot 10^{-8}\,\mathrm{mol/L}}\,.$$

$c(\mathrm{Ca}^{2+})$ ergibt sich aus der Ca-Bilanz:

$$c(\mathrm{Ca}^{2+}) = c(\mathrm{Ca}) - c(\mathrm{CaNTA}^-) = 1 \cdot 10^{-3}\,\mathrm{mol/L} - 9{,}95 \cdot 10^{-8}\,\mathrm{mol/L} = \underline{1 \cdot 10^{-3}\,\mathrm{mol/L}}\,.$$

Zur Berechnung der Konzentration des Cd-Komplexes wird zunächst die Konzentration $c(\mathrm{Cd}^{2+})$ aus der Bilanzgleichung ermittelt, wobei die unbekannte Komplexkonzentration durch die Gleichgewichtsbeziehung substituiert wird. Wenn $c(\mathrm{Cd}^{2+})$ bekannt ist, kann die Bilanzgleichung nach $c(\mathrm{CdNTA}^-)$ umgestellt und gelöst werden:

$$c(\mathrm{Cd}) = c(\mathrm{Cd}^{2+}) + c(\mathrm{CdNTA}^-) = c(\mathrm{Cd}^{2+}) + K(\mathrm{CdNTA}^-)\,c(\mathrm{Cd}^{2+})\,c(\mathrm{NTA}^{3-})$$

$$c(\mathrm{Cd}^{2+}) = \frac{c(\mathrm{Cd})}{1 + K(\mathrm{CdNTA}^-)\,c(\mathrm{NTA}^{3-})}$$

$$c(\mathrm{Cd}^{2+}) = \frac{1 \cdot 10^{-9}\,\mathrm{mol/L}}{1 + 1 \cdot 10^{10}\,\mathrm{L/mol} \cdot 2{,}49 \cdot 10^{-12}\,\mathrm{mol/L}} = \underline{9{,}76 \cdot 10^{-10}\,\mathrm{mol/L}}$$

$$c(\mathrm{CdNTA}^-) = c(\mathrm{Cd}) - c(\mathrm{Cd}^{2+}) = 1 \cdot 10^{-9}\,\mathrm{mol/L} - 9{,}76 \cdot 10^{-10}\,\mathrm{mol/L}$$

$$c(\mathrm{CdNTA}^-) = \underline{2{,}4 \cdot 10^{-11}\,\mathrm{mol/L}}\,.$$

Für die Verhältnisse zwischen freien und komplex gebundenen Spezies erhält man schließlich:

$$\frac{c(\mathrm{Ca}^{2+})}{c(\mathrm{CaNTA}^-)} = \frac{c(\mathrm{Ca}) - c(\mathrm{CaNTA}^-)}{c(\mathrm{CaNTA}^-)} = \frac{1\cdot 10^{-3}\,\mathrm{mol/L} - 9{,}95\cdot 10^{-8}\,\mathrm{mol/L}}{9{,}95\cdot 10^{-8}\,\mathrm{mol/L}}$$

$$\frac{c(\mathrm{Ca}^{2+})}{c(\mathrm{CaNTA}^-)} = \frac{1\cdot 10^{-3}\,\mathrm{mol/L}}{9{,}95\cdot 10^{-8}\,\mathrm{mol/L}} = \underline{1\cdot 10^{4}} \quad \text{und}$$

$$\frac{c(\mathrm{Cd}^{2+})}{c(\mathrm{CdNTA}^-)} = \frac{9{,}76\cdot 10^{-10}\,\mathrm{mol/L}}{2{,}4\cdot 10^{-11}\,\mathrm{mol/L}} = \underline{40{,}7}\;.$$

Die geringfügigen Abweichungen von den Ergebnissen nach Lösungsweg 1 resultieren aus der Rundung der Zwischenergebnisse.

L 6.8 Die Cu-Bilanz lautet: $c(\mathrm{Cu}) = c(\mathrm{Cu}^{2+}) + c(\mathrm{CuCO}_3^{0})$.

$c(\mathrm{CuCO_3}^{0})$ kann über das Komplexbildungsgleichgewicht substituiert werden:

$$c(\mathrm{Cu}) = c(\mathrm{Cu}^{2+}) + K\,c(\mathrm{Cu}^{2+})\,c(\mathrm{CO}_3^{2-})\;.$$

Um diese Gleichung lösen zu können, muß man $c(\mathrm{CO_3}^{2-})$ kennen. Diese Konzentration kann bei bekannter Kohlenstoffgesamtkonzentration aus dem pH-Wert und den Säurekonstanten berechnet werden. Es gilt folgende Kohlenstoffbilanz:

$$c(\mathrm{DIC}) = c(\mathrm{CO}_2) + c(\mathrm{HCO}_3^-) + c(\mathrm{CO}_3^{2-})\;.$$

Weiterhin können die Gleichgewichte für die beiden Protolysestufen formuliert werden:

$$K_{S1} = \frac{c(\mathrm{H}^+)\,c(\mathrm{HCO}_3^-)}{c(\mathrm{CO}_2)} \qquad\qquad K_{S2} = \frac{c(\mathrm{H}^+)\,c(\mathrm{CO}_3^{2-})}{c(\mathrm{HCO}_3^-)}\;.$$

Zusammengefaßt gilt weiterhin:

$$K_{S1}K_{S2} = \frac{c^2(\mathrm{H}^+)\,c(\mathrm{CO}_3^{2-})}{c(\mathrm{CO}_2)}\;.$$

Damit lassen sich die unbekannten Größen $c(\mathrm{CO_2})$ und $c(\mathrm{HCO_3}^-)$ substituieren:

$$c(\mathrm{DIC}) = \frac{c^2(\mathrm{H}^+)\,c(\mathrm{CO}_3^{2-})}{K_{S1}\,K_{S2}} + \frac{c(\mathrm{H}^+)\,c(\mathrm{CO}_3^{2-})}{K_{S2}} + c(\mathrm{CO}_3^{2-})\;.$$

Ausklammern der gesuchten Carbonationenkonzentration und Umstellen liefert:

$$c(CO_3^{2-}) = \dfrac{c(DIC)}{1 + \dfrac{c^2(H^+)}{K_{S1}\,K_{S2}} + \dfrac{c(H^+)}{K_{S2}}}$$

$$c(CO_3^{2-}) = \dfrac{1\cdot 10^{-3}\,\text{mol/L}}{1 + \dfrac{10^{-12}\,\text{mol}^2/\text{L}^2}{10^{-16,6}\,\text{mol}^2/\text{L}^2} + \dfrac{10^{-6}\,\text{mol/L}}{10^{-10,3}\,\text{mol/L}}} = \dfrac{1\cdot 10^{-3}\,\text{mol/L}}{1 + 3,98\cdot 10^4 + 2,0\cdot 10^4}$$

$$c(CO_3^{2-}) = \underline{1,67\cdot 10^{-8}\,\text{mol/L}}.$$

Damit läßt sich aus der eingangs gezeigten Cu-Bilanz die Konzentration $c(Cu^{2+})$ berechnen:

$$c(Cu) = c(Cu^{2+})[1 + K\,c(CO_3^{2-})]$$

$$c(Cu^{2+}) = \dfrac{c(Cu)}{1 + K\,c(CO_3^{2-})} = \dfrac{1\cdot 10^{-7}\,\text{mol/L}}{1 + 10^{6,73}\,\text{L/mol}\cdot 1,67\cdot 10^{-8}\,\text{mol/L}}$$

$$c(Cu^{2+}) = \underline{9,18\cdot 10^{-8}\,\text{mol/L}}.$$

Für $c(CuCO_3^0)$ gilt schließlich:

$$c(CuCO_3^0) = K\,c(Cu^{2+})\,c(CO_3^{2-})$$

$$c(CuCO_3^0) = 10^{6,73}\,\text{L/mol}\cdot 9,18\cdot 10^{-8}\,\text{mol/L}\cdot 1,67\cdot 10^{-8}\,\text{mol/L}$$

$$c(CuCO_3^0) = \underline{8,23\cdot 10^{-9}\,\text{mol/L}}.$$

$\boxed{\text{L 6.9}}$ Der vorgegebene Grenzwert von $\beta = 2$ mg/L ist für die Gleichgewichtsberechnungen zunächst in die Stoffmengenkonzentration umzurechnen:

$$c(Zn) = \dfrac{\beta(Zn)}{M(Zn)} = \dfrac{0,002\,\text{g/L}}{65,4\,\text{g/mol}} = 3,06\cdot 10^{-5}\,\text{mol/L}.$$

Allgemein gilt die Bilanz:

$$c(Zn_{\text{gelöst}}) = c(Zn^{2+}) + c(Zn(OH)_4^{2-}).$$

Entsprechend den Annahmen vereinfacht sich die Bilanz zu:

$$c(Zn_{\text{gelöst}}) = c(Zn^{2+}) = 3,06\cdot 10^{-5}\,\text{mol/L} \quad (\text{am unteren Grenz-}p\text{H-Wert}) \quad \text{bzw.}$$

$$c(Zn_{\text{gelöst}}) = c(Zn(OH)_4^{2-}) = 3,06\cdot 10^{-5}\,\text{mol/L} \quad (\text{am oberen Grenz-}p\text{H-Wert}).$$

Mit der ersten Bedingung und unter Berücksichtigung des Ionenprodukts des Wassers kann der untere Grenz-pH-Wert direkt aus dem Löslichkeitsprodukt berechnet werden.

Für das Löslichkeitsprodukt gilt:

$$K_L = c(\mathrm{Zn}^{2+})\, c^2(\mathrm{OH}^-)\,.$$

Daraus folgt für $c(\mathrm{OH}^-)$:

$$c(\mathrm{OH}^-) = \sqrt{\frac{K_L}{c(\mathrm{Zn}^{2+})}} = \sqrt{\frac{1\cdot 10^{-17}\ \mathrm{mol}^3/\mathrm{L}^3}{3{,}06\cdot 10^{-5}\ \mathrm{mol/L}}} = 5{,}72\cdot 10^{-7}\ \mathrm{mol/L}\,.$$

Weiterhin gilt: $p\mathrm{OH} = -\lg c(\mathrm{OH}^-) = -\lg(5{,}72\cdot 10^{-7}) = 6{,}24$

und $p\mathrm{H} = pK_W - p\mathrm{OH} = 14 - 6{,}24 = \underline{7{,}76}$.

Der pH-Wert 7,76 markiert die untere Grenze des gesuchten pH-Bereiches. Unterhalb dieses pH-Wertes ist die Zinkkonzentration größer, oberhalb dagegen kleiner als der vorgegebene Grenzwert.

Für die Berechnung des oberen Grenz-pH-Wertes ist zunächst die Komplexierungsreaktion zu betrachten. Für den Komplex $\mathrm{Zn(OH)_4}^{2-}$ ist die Dissoziationskonstante β_{diss} gegeben. Sie bezieht sich auf die Reaktion

$$\mathrm{Zn(OH)_4}^{2-} \rightleftharpoons \mathrm{Zn}^{2+} + 4\,\mathrm{OH}^-\,.$$

Es gilt:

$$\beta_{diss} = \frac{c(\mathrm{Zn}^{2+})\, c^4(\mathrm{OH}^-)}{c(\mathrm{Zn(OH)}_4^{2-})}\,.$$

Setzt man gemäß der Aufgabenstellung $c(\mathrm{Zn(OH)_4}^{2-}) = 3{,}06\cdot 10^{-5}$ mol/L, so kann $c(\mathrm{OH}^-)$ berechnet werden, wenn $c(\mathrm{Zn}^{2+})$ durch das Löslichkeitsprodukt substituiert wird:

$$\beta_{diss} = \frac{K_L\, c^4(\mathrm{OH}^-)}{c^2(\mathrm{OH}^-)\, c(\mathrm{Zn(OH)}_4^{2-})} = \frac{K_L\, c^2(\mathrm{OH}^-)}{c(\mathrm{Zn(OH)}_4^{2-})}$$

$$c(\mathrm{OH}^-) = \sqrt{\frac{\beta_{diss}\, c(\mathrm{Zn(OH)}_4^{2-})}{K_L}} = \sqrt{\frac{4\cdot 10^{-16}\ \mathrm{mol}^4/\mathrm{L}^4 \cdot 3{,}06\cdot 10^{-5}\ \mathrm{mol/L}}{1\cdot 10^{-17}\ \mathrm{mol}^3/\mathrm{L}^3}}$$

$c(\mathrm{OH}^-) = 0{,}035\ \mathrm{mol/L} \;\Rightarrow\; p\mathrm{OH} = -\lg c(\mathrm{OH}^-) = -\lg 0{,}035 = 1{,}46$

$p\mathrm{H} = pK_W - p\mathrm{OH} = 14 - 1{,}46 = \underline{12{,}54}$.

Oberhalb $p\mathrm{H} = 12{,}54$ steigt die Zinkkonzentration durch die Hydroxokomplexbildung über den vorgegebenen Grenzwert. Der theoretische (nicht ohne weiteres auf Abwasserverhältnisse übertragbare) pH-Bereich, in dem mit einer Zinkkonzentration unter 2 mg/L zu rechnen ist, liegt also zwischen $p\mathrm{H} = 7{,}76$ und $p\mathrm{H} = 12{,}54$.

L 6.10 Für die Löslichkeit (Sättigungskonzentration c_s) von AgCl in reinem Wasser ohne Komplexbildung gilt:

$$c_s = c(\text{Ag}^+) = c(\text{Cl}^-)\,.$$

Mit

$$K_L = c(\text{Ag}^+)\,c(\text{Cl}^-) = c_s\,c_s$$

ergibt sich c_s zu

$$c_s = \sqrt{K_L} = \sqrt{1{,}8 \cdot 10^{-10}\ \text{mol}^2/\text{L}^2} = \underline{1{,}34 \cdot 10^{-5}\ \text{mol/L}}\,.$$

Unter Berücksichtigung der Nebenreaktionen (Komplexbildung) gilt für die Löslichkeit:

$$c_s = c(\text{Ag}^+) + c(\text{Ag(NH}_3)^+) + c(\text{Ag(NH}_3)_2^+) = c(\text{Cl}^-)\,.$$

Die unbekannten Komplexkonzentrationen können unter Verwendung der Bruttostabilitätskonstanten substituiert werden:

$$c(\text{Ag(NH}_3)^+) = \beta_1\,c(\text{Ag}^+)\,c(\text{NH}_3)$$

$$c(\text{Ag(NH}_3)_2^+) = \beta_2\,c(\text{Ag}^+)\,c^2(\text{NH}_3)$$

$$c_s = c(\text{Ag}^+) + \beta_1\,c(\text{Ag}^+)\,c(\text{NH}_3) + \beta_2\,c(\text{Ag}^+)\,c^2(\text{NH}_3)$$

$$c_s = c(\text{Ag}^+)\,[1 + \beta_1\,c(\text{NH}_3) + \beta_2\,c^2(\text{NH}_3)]\,.$$

Damit kann für das Löslichkeitsprodukt geschrieben werden:

$$K_L = c(\text{Ag}^+)\,c(\text{Cl}^-) = \frac{c_s}{1 + \beta_1\,c(\text{NH}_3) + \beta_2\,c^2(\text{NH}_3)}\,c_s\,.$$

Für c_s ergibt sich daraus

$$c_s = \sqrt{K_L[1 + \beta_1\,c(\text{NH}_3) + \beta_2\,c^2(\text{NH}_3)]}$$

und mit

$$\beta_1\,c(\text{NH}_3) = 2{,}5 \cdot 10^3\ \text{L/mol} \cdot 0{,}1\ \text{mol/L} = 250 \ \text{sowie}$$

$$\beta_2\,c^2(\text{NH}_3) = 2{,}5 \cdot 10^7\ \text{L}^2/\text{mol}^2 \cdot 0{,}01\ \text{mol}^2/\text{L}^2 = 250000:$$

$$c_s = \sqrt{1{,}8 \cdot 10^{-10}\ \text{mol}^2/\text{L}^2\,(1 + 250 + 250000)} = \underline{6{,}7 \cdot 10^{-3}\ \text{mol/L}}\,.$$

Durch die Komplexbildung erhöht sich die Löslichkeit um den Faktor 500.

L 6.11 Das Verhältnis der Konzentrationen der Cadmiumkomplexe ergibt sich aus den Stabilitätskonstanten

$$\beta(\mathrm{CdCl^+}) = \frac{c(\mathrm{CdCl^+})}{c(\mathrm{Cd^{2+}})\,c(\mathrm{Cl^-})}$$

$$\beta(\mathrm{CdCO_3^0}) = \frac{c(\mathrm{CdCO_3^0})}{c(\mathrm{Cd^{2+}})\,c(\mathrm{CO_3^{2-}})}$$

durch Umstellen und Dividieren:

$$\frac{c(\mathrm{CdCl^+})}{c(\mathrm{CdCO_3^0})} = \frac{\beta(\mathrm{CdCl^+})\,c(\mathrm{Cd^{2+}})\,c(\mathrm{Cl^-})}{\beta(\mathrm{CdCO_3^0})\,c(\mathrm{Cd^{2+}})\,c(\mathrm{CO_3^{2-}})} = \frac{\beta(\mathrm{CdCl^+})\,c(\mathrm{Cl^-})}{\beta(\mathrm{CdCO_3^0})\,c(\mathrm{CO_3^{2-}})}.$$

Einsetzen der bekannten Daten liefert

$$\frac{c(\mathrm{CdCl^+})}{c(\mathrm{CdCO_3^0})} = \frac{95\ \mathrm{L/mol}\cdot 1\cdot 10^{-4}\,\mathrm{mol/L}}{2{,}5\cdot 10^{5}\,\mathrm{L/mol}\cdot 1\cdot 10^{-5}\,\mathrm{mol/L}} = 3{,}8\cdot 10^{-3} \quad \text{für Süßwasser}$$

und

$$\frac{c(\mathrm{CdCl^+})}{c(\mathrm{CdCO_3^0})} = \frac{95\ \mathrm{L/mol}\cdot 0{,}5\ \mathrm{mol/L}}{2{,}5\cdot 10^{5}\,\mathrm{L/mol}\cdot 1\cdot 10^{-5}\,\mathrm{mol/L}} = 19 \quad \text{für Meerwasser.}$$

Für die Bleikomplexe erhält man auf analoge Weise

$$\frac{c(\mathrm{PbCl^+})}{c(\mathrm{PbCO_3^0})} = \frac{\beta(\mathrm{PbCl^+})\,c(\mathrm{Cl^-})}{\beta(\mathrm{PbCO_3^0})\,c(\mathrm{CO_3^{2-}})}$$

$$\frac{c(\mathrm{PbCl^+})}{c(\mathrm{PbCO_3^0})} = \frac{40\ \mathrm{L/mol}\cdot 1\cdot 10^{-4}\,\mathrm{mol/L}}{1{,}6\cdot 10^{7}\,\mathrm{L/mol}\cdot 1\cdot 10^{-5}\,\mathrm{mol/L}} = 2{,}5\cdot 10^{-5} \quad \text{für Süßwasser}$$

und

$$\frac{c(\mathrm{PbCl^+})}{c(\mathrm{PbCO_3^0})} = \frac{40\ \mathrm{L/mol}\cdot 0{,}5\ \mathrm{mol/L}}{1{,}6\cdot 10^{7}\,\mathrm{L/mol}\cdot 1\cdot 10^{-5}\,\mathrm{mol/L}} = 0{,}125 \quad \text{für Meerwasser.}$$

L 6.12 Die Bilanzgleichung für Eisen(III) lautet:

$$c(\mathrm{Fe(III)}) = c(\mathrm{Fe^{3+}}) + c(\mathrm{FeOH^{2+}}) + c(\mathrm{Fe(OH)_2^+}) + c(\mathrm{Fe(OH)_4^-})$$

Zunächst soll $c(\mathrm{Fe^{3+}})$ berechnet werden. Dazu sind die anderen Konzentrationen mit Hilfe der Gleichgewichtsbeziehungen zu ersetzen:

$$c(\mathrm{FeOH^{2+}}) = \frac{\beta_1\,c(\mathrm{Fe^{3+}})}{c(\mathrm{H^+})} \qquad\qquad c(\mathrm{Fe(OH)_2^+}) = \frac{\beta_2\,c(\mathrm{Fe^{3+}})}{c^2(\mathrm{H^+})}$$

$$c(\mathrm{Fe(OH)_4^-}) = \frac{\beta_4\,c(\mathrm{Fe^{3+}})}{c^4(\mathrm{H^+})}.$$

Für die Bilanz erhält man dann:

$$c(\text{Fe(III)}) = c(\text{Fe}^{3+}) + \frac{\beta_1\,c(\text{Fe}^{3+})}{c(\text{H}^+)} + \frac{\beta_2\,c(\text{Fe}^{3+})}{c^2(\text{H}^+)} + \frac{\beta_4\,c(\text{Fe}^{3+})}{c^4(\text{H}^+)}$$

$$c(\text{Fe(III)}) = c(\text{Fe}^{3+})\left[1 + \frac{\beta_1}{c(\text{H}^+)} + \frac{\beta_2}{c^2(\text{H}^+)} + \frac{\beta_4}{c^4(\text{H}^+)}\right].$$

Mit $c(\text{H}^+) = 10^{-p\text{H}}$ mol/L $= 1\cdot10^{-4}$ mol/L und den gegebenen Gleichgewichtskonstanten läßt sich $c(\text{Fe}^{3+})$ berechnen:

$$c(\text{Fe}^{3+}) = \frac{c(\text{Fe(III)})}{1 + \dfrac{\beta_1}{c(\text{H}^+)} + \dfrac{\beta_2}{c^2(\text{H}^+)} + \dfrac{\beta_4}{c^4(\text{H}^+)}}$$

$$c(\text{Fe}^{3+}) = \frac{1\cdot10^{-7}\,\text{mol/L}}{1 + \dfrac{6{,}3\cdot10^{-3}\,\text{mol/L}}{1\cdot10^{-4}\,\text{mol/L}} + \dfrac{2{,}1\cdot10^{-6}\,\text{mol}^2/\text{L}^2}{1\cdot10^{-8}\,\text{mol}^2/\text{L}^2} + \dfrac{2{,}5\cdot10^{-22}\,\text{mol}^4/\text{L}^4}{1\cdot10^{-16}\,\text{mol}^4/\text{L}^4}}$$

$$c(\text{Fe}^{3+}) = \frac{1\cdot10^{-7}\,\text{mol/L}}{1 + 63 + 210 + 2{,}5\cdot10^{-6}} = \underline{3{,}65\cdot10^{-10}\,\text{mol/L}}.$$

Die Konzentrationen der übrigen Spezies können nun mit Hilfe der oben zur Substitution benutzten Gleichungen berechnet werden:

$$c(\text{FeOH}^{2+}) = \frac{\beta_1\,c(\text{Fe}^{3+})}{c(\text{H}^+)} = \frac{6{,}3\cdot10^{-3}\,\text{mol/L}\cdot3{,}65\cdot10^{-10}\,\text{mol/L}}{1\cdot10^{-4}\,\text{mol/L}}$$

$$c(\text{FeOH}^{2+}) = \underline{2{,}30\cdot10^{-8}\,\text{mol/L}}$$

$$c(\text{Fe(OH)}_2^+) = \frac{\beta_2\,c(\text{Fe}^{3+})}{c^2(\text{H}^+)} = \frac{2{,}1\cdot10^{-6}\,\text{mol}^2/\text{L}^2\cdot3{,}65\cdot10^{-10}\,\text{mol/L}}{1\cdot10^{-8}\,\text{mol}^2/\text{L}^2}$$

$$c(\text{Fe(OH)}_2^+) = \underline{7{,}67\cdot10^{-8}\,\text{mol/L}}$$

$$c(\text{Fe(OH)}_4^-) = \frac{\beta_4\,c(\text{Fe}^{3+})}{c^4(\text{H}^+)} = \frac{2{,}5\cdot10^{-22}\,\text{mol}^4/\text{L}^4\cdot3{,}65\cdot10^{-10}\,\text{mol/L}}{1\cdot10^{-16}\,\text{mol}^4/\text{L}^4}$$

$$c(\text{Fe(OH)}_4^-) = \underline{9{,}13\cdot10^{-16}\,\text{mol/L}}.$$

Zur Probe kann man die Ergebnisse in die Bilanzgleichung einsetzen:

$$c(\text{Fe(III)}) = c(\text{Fe}^{3+}) + c(\text{FeOH}^{2+}) + c(\text{Fe(OH)}_2^+) + c(\text{Fe(OH)}_4^-)$$

$$c(\text{Fe(III)}) = (3{,}65\cdot10^{-10} + 2{,}30\cdot10^{-8} + 7{,}67\cdot10^{-8} + 9{,}13\cdot10^{-16})\,\text{mol/L}$$

$c(\mathrm{Fe(III)}) = 1 \cdot 10^{-7}\,\mathrm{mol/L}$.

Zur Überprüfung des Sättigungszustandes wird analog zum Löslichkeitsprodukt das Ionenprodukt Q der aktuellen Konzentrationen gebildet und dieses dann mit K_L verglichen:

$$Q = c(\mathrm{Fe}^{3+})\,c^3(\mathrm{OH}^-) = 3{,}65 \cdot 10^{-10}\,\mathrm{mol/L} \cdot 1 \cdot 10^{-30}\,\mathrm{mol/L} = 3{,}65 \cdot 10^{-40}\,\mathrm{mol}^4/\mathrm{L}^4.$$

Q ist hier kleiner als K_L ($1 \cdot 10^{-39}\,\mathrm{mol}^4/\mathrm{L}^4$), d. h., die Lösung ist bezüglich Eisen(III)-hydroxid untersättigt.

Lösungen zu Kapitel 7

<u>L 7.1</u> Die Oxidationszahl entspricht der hypothetischen Ladungszahl, die sich ergibt, wenn die Verbindung formal in Ionen zerlegt wird, wobei die Bindungselektronen jeweils dem elektronegativeren Partner zugeordnet werden. Des weiteren ist zu beachten:

- Elemente sowie Verbindungen aus nur einer Atomsorte haben die Oxidationszahl Null.

- Bei Ionen, die nur aus einer Atomsorte gebildet werden, ist die Oxidationszahl gleich der Ionenladung.

- Die Summe aller Oxidationszahlen ist für ein neutrales Molekül Null und für ein aus verschiedenen Atomen bestehendes Ion gleich der Ionenladung.

- Die höchste positive Oxidationszahl eines Elements entspricht der Gruppennummer des Periodensystems (in der klassischen Darstellung). Dies ist gleichbedeutend mit der formalen Abtrennung aller Valenzelektronen.

Erleichtert wird die Ermittlung der Oxidationszahlen noch dadurch, daß Sauerstoff in Verbindungen mit anderen Elementen bis auf wenige Ausnahmen (z.B. Peroxoverbindungen, Oxidationszahl -1) die Oxidationszahl -2 aufweist. Für Wasserstoff in Verbindungen mit anderen Elementen gilt in der Regel die Oxidationszahl +1 (Ausnahme: Hydride, Oxidationszahl -1). Solange keine der oben genannten Regeln dem entgegenstehen, können die Oxidationszahlen -2 (für Sauerstoff) und +1 (für Wasserstoff) also als gegeben betrachtet werden, wodurch sich die Berechnung der weiteren Oxidationszahlen meist sehr einfach gestaltet.

Damit ergeben sich folgende Lösungen:

Oxidationszahlen des Stickstoffs: + 5 in NO_3^-; +3 in NO_2^-; +1 in N_2O

Oxidationszahlen des Schwefels: + 6 in SO_4^{2-}; -2 und +6 bzw. 2 x + 2 in $S_2O_3^{2-}$; -1 in FeS_2

Oxidationszahlen des Kohlenstoffs: -4 in CH_4; +4 in CO_2; 0 in $C_2H_3Cl_3$; -4/6 in C_6H_5OH

Oxidationszahlen des Sauerstoffs: -2 in H_2O; -1 in H_2O_2; 0 in O_3.

Anmerkungen: Die Formel für Thiosulfat leitet sich formal aus der Formel für Sulfat ab, indem ein O-Atom durch S substituiert wird. Dem Zentralatom kann daher wie im Sulfat die Oxidationszahl +6 zugewiesen werden, während das andere S-Atom die gleiche Oxidationszahl wie Sauerstoff (-2) besitzt. Dagegen ergibt sich aus der Summenformel rein rechnerisch für beide S-Atome eine mittlere Oxidationszahl von +2.

Das Anion in FeS_2 leitet sich von der Verbindung H_2S_2 ab und hat die Formel S_2^{2-}. Die Oxidationszahl des Schwefels beträgt daher -1.

In den C-Cl-Bindungen ist Chlor der elektronegativere Partner, dem formal die Bindungselektronen zugewiesen werden. Daraus resultiert für Cl die Oxidationszahl -1.

Phenol enthält insgesamt 6 Wasserstoffatome (Oxidationszahlen: 6 x +1) und ein Sauerstoffatom (1 x -2). Damit ergibt sich für die 6 Kohlenstoffatome die summarische Oxidationszahl -4 bzw. für das einzelne C-Atom die Oxidationszahl $-4/6$.

$\boxed{\text{L 7.2}}$ Für die Berechnung der Redoxintensität gilt allgemein:

$$p\varepsilon = p\varepsilon^\circ + \frac{1}{n}\lg\frac{[Ox]}{[Red]} \, .$$

Die Symbole [Ox] und [Red] stehen hier für die Produkte der Konzentrationen der gelösten Teilchen auf der Oxidationsmittel- bzw. Reduktionsmittelseite der Redox-Gleichung, wobei die Konzentrationen jeweils mit den stöchiometrischen Koeffizienten zu potenzieren sind. Die feste Phase MnO_2 sowie das Wasser gehen nicht in die Gleichgewichtsbeziehung ein. n ist die Zahl der ausgetauschten Elektronen. Dementsprechend gilt hier mit $n = 1$:

$$p\varepsilon = p\varepsilon^\circ + \lg\frac{c^2(H^+)}{c^{0,5}(Mn^{2+})} \, .$$

Weiterhin gilt $p\varepsilon^\circ = \frac{1}{n}\lg K$, hier also $p\varepsilon^\circ = 21{,}8$.

Damit ergibt sich mit $pH = -\lg c(H^+)$:

$$p\varepsilon = p\varepsilon^\circ - 2\,pH - 0{,}5\lg c(Mn^{2+}) = 21{,}8 - 16 + 3 = \underline{8{,}8} \, .$$

$\boxed{\text{L 7.3}}$ Für die Redoxintensität wird angesetzt (vgl. L 7.2):

$$p\varepsilon = p\varepsilon^\circ + \frac{1}{8}\lg\frac{c(SO_4^{2-})\,c^9(H^+)}{c(HS^-)} \, .$$

$p\varepsilon^\circ$ ergibt sich aus $\lg K$ nach

$$p\varepsilon^\circ = \frac{1}{n}\lg K = \frac{34}{8} = 4{,}25 \, .$$

Mit $c(SO_4^{2-}) = c(HS^-)$ erhält man:

$$p\varepsilon = p\varepsilon^\circ + \frac{1}{8}\lg c^9(H^+) = p\varepsilon^\circ - \frac{9}{8}pH = 4,25 - 7,875 = \underline{-3,63}\,.$$

L 7.4 Das Massenwirkungsgesetz für die Reaktion (I) lautet:

$$K = \frac{1}{p(O_2)\,c^4(H^+)\,c^4(e^-)}\,.$$

Für die Reaktion (II) gilt entsprechend:

$$K^* = \frac{1}{c(O_2)\,c^4(H^+)\,c^4(e^-)}\,.$$

Der Zusammenhang zwischen beiden Konstanten ist gegeben durch das HENRYsche Gesetz

$$c(O_2) = H\,p(O_2) \quad \Rightarrow \quad K^* = \frac{K}{H}$$

bzw. in logarithmischer Form

$$\lg K^* = \lg K - \lg H\,.$$

Beim Einsetzen der Zahlenwerte ist zu beachten, daß die HENRY-Konstante zunächst auf die Maßeinheit mol L^{-1} bar^{-1} umzurechnen ist (Dividieren durch 1000). Damit erhält man:

$$\lg K^* = 83 - \lg 1{,}247 \cdot 10^{-3} = 83 + 2{,}9 = \underline{85,9}\,.$$

Für beide Reaktionen ist die Zahl der ausgetauschten Elektronen $n = 4$, so daß gilt:

Reaktion (I): $\qquad p\varepsilon^\circ = \dfrac{1}{n}\lg K = \dfrac{83}{4} = \underline{20,75}$

Reaktion (II): $\qquad p\varepsilon^{\circ*} = \dfrac{1}{n}\lg K^* = \dfrac{85,9}{4} = \underline{21,48}\,.$

L 7.5 Aus $\lg K$ ergibt sich die Standardredoxintensität mit $n = 4$ zu

$$p\varepsilon^\circ = \frac{1}{n}\lg K = \frac{83}{4} = 20,75\,.$$

Für die Redoxintensität gilt (vgl. L 7.2):

$$p\varepsilon = p\varepsilon^\circ + \frac{1}{4}\lg\left[p(O_2)\,c^4(H^+)\right] \quad \text{oder}$$

$$p\varepsilon = p\varepsilon^\circ + \frac{1}{4}\lg p(O_2) - pH \, .$$

Unter der Annahme, daß die Luft als ideales Gasgemisch betrachtet werden kann, ist der Stoffmengenanteil gleich dem Volumenanteil. Der Partialdruck des Sauerstoffs beträgt daher:

$$p(O_2) = x(O_2)\,P = 0{,}21 \cdot 1\,\text{bar} = 0{,}21\,\text{bar} \, .$$

Damit ergeben sich die Redoxintensitäten bei $pH = 5$ und $pH = 8$ zu:

$$p\varepsilon = 20{,}75 + \frac{1}{4}\lg p(O_2) - pH = 20{,}75 + \frac{1}{4}\lg 0{,}21 - 5 = 20{,}75 - 0{,}17 - 5 = \underline{15{,}58}$$

$$p\varepsilon = 20{,}75 + \frac{1}{4}\lg p(O_2) - pH = 20{,}75 + \frac{1}{4}\lg 0{,}21 - 8 = 20{,}75 - 0{,}17 - 8 = \underline{12{,}58} \, .$$

$\boxed{\text{L 7.6}}$ Aus $\lg K$ ergibt sich mit $n = 8$:

$$p\varepsilon^\circ = \frac{1}{n}\lg K = \frac{121{,}12}{8} = 15{,}14 \, .$$

Für die Redoxintensität gilt (vgl. L 7.2):

$$p\varepsilon = p\varepsilon^\circ + \frac{1}{n}\lg \frac{c(NO_3^-)\,c^{10}(H^+)}{c(NH_4^+)} \, .$$

Mit $c(NO_3^-) = c(NH_4^+)$ vereinfacht sich die Gleichung zu:

$$p\varepsilon = p\varepsilon^\circ + \frac{1}{8}\lg c^{10}(H^+) = 15{,}14 - \frac{5}{4}pH \, .$$

Für $pH = 5$ ergibt sich somit: $p\varepsilon = 15{,}14 - 6{,}25 = \underline{8{,}89}$ und

für $pH = 7$: $p\varepsilon = 15{,}14 - 8{,}75 = \underline{6{,}39}$.

$\boxed{\text{L 7.7}}$ Zunächst ist die Gleichung für die Redoxintensität (vgl. L 7.2) zu formulieren:

$$p\varepsilon = p\varepsilon^\circ + \frac{1}{n}\lg \frac{c^2(H^+)}{c^{0{,}5}(Mn^{2+})} \, .$$

n ist hier 1, damit gilt:

$$p\varepsilon = p\varepsilon^\circ - 2pH - 0{,}5\lg c(Mn^{2+}) \quad \text{mit} \quad p\varepsilon^\circ = \frac{1}{n}\lg K = 21{,}8 \, .$$

Umstellen nach $\lg c(Mn^{2+})$ liefert:

$$0{,}5\lg c(Mn^{2+}) = p\varepsilon^\circ - p\varepsilon - 2pH$$

$$\lg c(\text{Mn}^{2+}) = 2p\varepsilon^\circ - 2p\varepsilon - 4p\text{H} = 43{,}6 - 24 - 24 = -4{,}4\,.$$

Die Gleichgewichtskonzentration von Mn^{2+} beträgt somit

$$c(\text{Mn}^{2+}) = 10^{-4,4}\,\text{mol/L} = \underline{4\cdot 10^{-5}\,\text{mol/L}}\,.$$

Für $p\varepsilon = 15$ ergibt sich:

$$\lg c(\text{Mn}^{2+}) = 2p\varepsilon^\circ - 2p\varepsilon - 4p\text{H} = 43{,}6 - 30 - 24 = -10{,}4$$

$$c(\text{Mn}^{2+}) = 10^{-10,4}\,\text{mol/L} = \underline{4\cdot 10^{-11}\,\text{mol/L}}\,.$$

Die Erhöhung der Redoxintensität von 12 auf 15 führt also zu einer theoretischen Verringerung der Konzentration des gelösten zweiwertigen Mangans um 6 Zehnerpotenzen.

L 7.8 Für ein vollständiges Redoxsystem, bestehend aus zwei korrespondierenden Redoxpaaren (hier: $\text{MnO}_2/\text{Mn}^{2+}$ und $\text{O}_2/\text{H}_2\text{O}$), gilt, daß im Gleichgewichtszustand die Redoxintensitäten gleich sind. Es sind daher die Redoxintensitäten für die beiden Teilreaktionen zu formulieren und anschließend gleichzusetzen. Nach Umstellen der Gleichung erhält man die gesuchte Mn^{2+}-Konzentration.

Zuvor muß aber die Sauerstoffkonzentration in mol/L berechnet werden.

Die Sättigungskonzentration ist 13 mg/L oder 0,013 g/L; die aktuelle Konzentration soll 1/100 davon betragen, also: $\beta = 0{,}00013$ g/L.

$$c(\text{O}_2) = \frac{\beta(\text{O}_2)}{M(\text{O}_2)} = \frac{0{,}00013\,\text{g/L}}{32\,\text{g/mol}} = 4{,}06\cdot 10^{-6}\,\text{mol/L}$$

Gleichsetzen der Redoxintensitäten

$$p\varepsilon = p\varepsilon^\circ + \frac{1}{4}\lg c(\text{O}_2) - p\text{H} \qquad\qquad (\text{vgl. L 7.5})$$

$$p\varepsilon = p\varepsilon^\circ - 2p\text{H} - 0{,}5\lg c(\text{Mn}^{2+}) \qquad\qquad (\text{vgl. L 7.7})$$

und Einsetzen der bekannten Größen ergibt:

$$21{,}5 + \frac{1}{4}\lg(4{,}06\cdot 10^{-6}) - 7 = 21{,}8 - 14 - 0{,}5\lg c(\text{Mn}^{2+})\,.$$

Daraus kann die theoretische Mn^{2+}-Konzentration im Gleichgewicht berechnet werden: $0{,}5\lg c(\text{Mn}^{2+}) = 21{,}8 - 21{,}5 - 14 + 7 + 1{,}35 = -5{,}35$

$$\lg c(\text{Mn}^{2+}) = -10{,}7 \quad\Rightarrow\quad c(\text{Mn}^{2+}) = \underline{2\cdot 10^{-11}\,\text{mol/L}}\,.$$

Ein alternativer Lösungsweg führt über die Gleichgewichtskonstante der durch Addition der Teilgleichungen erhältlichen Gesamtreaktion. Bei der Addition ist folgendes zu beachten:

Definitionsgemäß werden die Teilreaktionen so geschrieben, daß die Elektronen auf der linken Seite stehen. Auf der linken Seite steht somit immer die oxidierte Form. Um eine Gesamtreaktion der Form

$$Ox_1 + Red_2 \rightleftharpoons Red_1 + Ox_2$$

zu erhalten, muß man daher eine der Teilgleichungen in entgegengesetzter Richtung schreiben. Gegebenenfalls sind die Teilgleichungen vor der Addition so zu erweitern, daß die Zahl der Elektronen gleich wird. In der Gesamtgleichung dürfen keine Elektronen mehr auftreten.

Für den Fall, daß vor der Addition die Schreibrichtung der zweiten Reaktion geändert wurde, gilt für die Gleichgewichtskonstante der Gesamtreaktion:

$$\lg K = \lg K_1 - \lg K_2$$

bzw. mit $p\varepsilon_i^\circ = \dfrac{1}{n}\lg K_i$

$$\lg K = n(p\varepsilon_1^\circ - p\varepsilon_2^\circ) \ .$$

K_2 bzw. $p\varepsilon_2^\circ$ gelten für die Teilreaktion in der ursprünglichen Schreibweise gemäß Definition; die Umkehrung der Schreibrichtung wird durch das Minuszeichen in der angegebenen Gleichung berücksichtigt (Konstante der Rückreaktion = Reziprokwert der Konstante der Hinreaktion).

Im vorliegenden Fall ergibt sich die Gesamtreaktion zu

$$1/2\ Mn^{2+} + 1/4\ O_2 + 1/2\ H_2O \rightleftharpoons 1/2\ MnO_{2(s)} + H^+ \ .$$

Für beide Teilgleichungen ist hier die Bedingung gleicher stöchiometrischer Koeffizienten für die Elektronen erfüllt ($n = 1$). Für die Konstante erhält man daher: $\lg K = p\varepsilon_1^\circ - p\varepsilon_2^\circ = 21{,}5 - 21{,}8 = -0{,}3$ oder $K = 0{,}5\ (mol/L)^{0,25}$ (die Einheit ergibt sich aus dem MWG, s. u.).

Damit läßt sich das Massenwirkungsgesetz für die Gesamtreaktion aufstellen:

$$K = \frac{c(H^+)}{c^{0,5}(Mn^{2+})\,c^{0,25}(O_2)} = \frac{1\cdot 10^{-7}\,mol/L}{c^{0,5}(Mn^{2+})\cdot(4{,}06\cdot 10^{-6}\ mol/L)^{0,25}}$$

$$= 0{,}5\ (mol/L)^{0,25}$$

$$\sqrt{c(Mn^{2+})} = \frac{1\cdot 10^{-7}\ mol/L}{0{,}5\ (mol/L)^{0,25}\cdot 0{,}0449\ (mol/L)^{0,25}} = 4{,}45\cdot 10^{-6}\ (mol/L)^{0,5}$$

$$c(Mn^{2+}) = 1{,}98 \cdot 10^{-11} \ mol/L \ .$$

Die geringfügige Abweichung vom ersten Ergebnis ist auf Rundungsfehler zurückzuführen.

L 7.9   Vergleicht man die NERNSTsche Gleichung

$$E_H = E_H^\circ + \frac{2{,}3 \, R \, T}{n \, F} \, \lg \frac{[Ox]}{[Red]}$$

mit der Gleichung für die Redoxintensität

$$p\varepsilon = p\varepsilon^\circ + \frac{1}{n} \lg \frac{[Ox]}{[Red]} \ , \ \text{so ergibt sich folgender Zusammenhang:}$$

$$p\varepsilon^\circ = \frac{F}{2{,}3 \, R \, T} \, E_H^\circ \ .$$

Für den Umrechnungsfaktor erhält man mit $T = 298{,}15$ K (25 °C):

$$\frac{F}{2{,}3 \, R \, T} = \frac{96490}{2{,}3 \cdot 8{,}314 \cdot 298{,}15} \cdot \frac{As \cdot K \cdot mol}{mol \cdot VAs \cdot K} = 16{,}92 \, \frac{1}{V} \ .$$

Damit ergibt sich für das Redoxsystem Fe^{3+}/Fe^{2+}:

$$p\varepsilon^\circ = 16{,}92 \, \frac{1}{V} \cdot 0{,}77 \ V = \underline{13{,}03} \ \ .$$

L 7.10   a) In diesem Fall ist das Redox-System $SO_4^{2-}/H_2S/O_2/H_2O$ zu betrachten. Die vollständige Reaktionsgleichung lautet:

$$1/8 \ SO_4^{2-} + 1/4 \ H^+ \rightleftharpoons 1/8 \ H_2S_{(g)} + 1/4 \ O_{2(g)}$$

oder nach Multiplikation mit 8 zur Vermeidung der Brüche:

$$SO_4^{2-} + 2 \ H^+ \rightleftharpoons H_2S_{(g)} + 2 \ O_{2(g)} \ .$$

Für diese Reaktion gilt das Massenwirkungsgesetz

$$K = \frac{p(H_2S) \, p^2(O_2)}{c(SO_4^{2-}) \, c^2(H^+)} \ .$$

Die Gleichgewichtskonstante kann aus den Standardredoxintensitäten berechnet werden (vgl. L 7.8). n ist hier 8.

$$\lg K = n(p\varepsilon_1^\circ - p\varepsilon_2^\circ) = 8(5{,}25 - 20{,}75) = -124$$

$$K = 10^{\lg K} = 10^{-124}\,\frac{\text{bar}^3}{(\text{mol/L})^3}$$

Bezogen auf die oben gewählte Schreibweise der Gesamtreaktion liegt das Gleichgewicht weit auf der Seite der Ausgangsstoffe. Eine Reduktion des Sulfats findet unter diesen Bedingungen also nicht statt. Schwefelwasserstoff ist dagegen unbeständig und würde - falls vorhanden - zu Sulfat oxidiert.

b) In diesem Fall ist das Redox-System $SO_4^{2-}/H_2S/\{CH_2O\}/CO_2$ zu betrachten. Die vollständige Reaktionsgleichung lautet:

$$1/8\ SO_4^{2-} + 1/4\ H^+ + 1/4\ \{CH_2O\} \rightleftharpoons 1/8\ H_2S_{(g)} + 1/4\ H_2O + 1/4\ CO_{2(g)}$$

bzw. nach Multiplikation mit 8:

$$SO_4^{2-} + 2\ H^+ + 2\ \{CH_2O\} \rightleftharpoons H_2S_{(g)} + 2\ H_2O + 2\ CO_{2(g)}\ .$$

Für diese Reaktion gilt das Massenwirkungsgesetz:

$$K = \frac{p(H_2S)\,p^2(CO_2)}{c(SO_4^{2-})\,c^2(H^+)\,c^2(\{CH_2O\})}\ .$$

K erhält man aus den Standardredoxintensitäten:

$$\lg K = n\,(p\varepsilon_1^{\circ} - p\varepsilon_2^{\circ}) = 8\,(5{,}25 + 1{,}2) = 51{,}6$$

$$K = 10^{\lg K} = 10^{51,6} = 4 \cdot 10^{51}\,\frac{\text{bar}^3}{(\text{mol/L})^5}\ .$$

Bei dieser Reaktion liegt das Gleichgewicht auf der Seite der Produkte. In sauerstofffreien Systemen ist Sulfat nicht stabil und kann durch organisches Material zu Sulfidschwefel reduziert werden. Anders ausgedrückt bedeutet dies, daß Sulfat bei Abwesenheit von Sauerstoff als Oxidationsmittel für organisches Material wirken kann. Bekannt ist dieser durch Mikroorganismen bewirkte Prozeß als Sulfatatmung bzw. Desulfurikation.

Anmerkung:

Führt man die Rechnung ohne die Multiplikation der Reaktionsgleichungen mit dem Faktor 8 durch, erhält man die Konstanten $K = 3{,}16 \cdot 10^{-15}$ bar$^{3/8}$/(mol/L)$^{3/8}$ und $K = 2{,}82 \cdot 10^{6}$ bar$^{3/8}$/(mol/L)$^{5/8}$. Der Unterschied zu den oben angegebenen Konstanten liegt also in der Potenz 1/8. Da diese Potenz dann natürlich auch für den Bruch auf der rechten Seite des Massenwirkungsgesetzes gilt, ändert sich an der prinzipiellen Aussage zu den Konzentrationsverhältnissen bzw. zur Gleichgewichtslage nichts.

L 7.11 Für die Gleichgewichtskonstante gilt mit $n = 2$ (siehe L 7.8):

$$\lg K = n\,(p\varepsilon_1^\circ - p\varepsilon_2^\circ) = 2\,(21{,}5 - 24{,}7) = -6{,}4$$

$$K = 10^{-6,4}\ \text{mol}^{0,5}/\text{L}^{0,5} = 3{,}98 \cdot 10^{-7}\,\text{mol}^{0,5}/\text{L}^{0,5}\,.$$

Zur Berechnung des Reaktionsquotienten Q sind zunächst die aktuellen Stoffmengenkonzentrationen zu ermitteln:

$$c(O_2) = 0{,}261\ \text{mmol/L} = 2{,}61 \cdot 10^{-4}\ \text{mol/L}$$

$$c(H^+) = 10^{-pH}\ \text{mol/L} = 10^{-7}\ \text{mol/L}$$

$$c(Pb^{2+}) = \frac{\beta(Pb^{2+})}{M(Pb)} = \frac{1 \cdot 10^{-6}\,\text{g/L}}{207\ \text{g/mol}} = 4{,}83 \cdot 10^{-9}\ \text{mol/L}\,.$$

Das Massenwirkungsgesetz für die Oxidation von Pb^{2+} gemäß

$$Pb^{2+} + 0{,}5\ O_{2(aq)} + H_2O \rightleftharpoons PbO_{2(s)} + 2\ H^+$$

lautet:

$$K = \frac{c^2(H^+)}{c(Pb^{2+})\,c^{0,5}(O_2)}\,.$$

Einsetzen der aktuellen Konzentrationen liefert den Reaktionsquotienten Q:

$$Q = \frac{c^2(H^+)}{c(Pb^{2+})\,c^{0,5}(O_2)} = \frac{1 \cdot 10^{-14}\ \text{mol}^2/\text{L}^2}{4{,}83 \cdot 10^{-9}\,\text{mol/L} \cdot 0{,}016\ \text{mol}^{0,5}/\text{L}^{0,5}}$$

$$Q = 1{,}29 \cdot 10^{-4}\ \text{mol}^{0,5}/\text{L}^{0,5}\,.$$

Q ist deutlich größer als die Gleichgewichtskonstante. Daraus folgt, daß die Reaktion unter den gegebenen Bedingungen in der geschriebenen Richtung thermodynamisch nicht möglich ist.

L 7.12 Für die erste Reaktion lautet das Massenwirkungsgesetz:

$$K = \frac{p^{1/8}(H_2S)}{c^{1/8}(SO_4^{2-})\,c^{5/4}(H^+)\,c(e^-)}\,.$$

Für die zweite Reaktion ist anzusetzen:

$$K^* = \frac{c^{1/8}(HS^-)}{c^{1/8}(SO_4^{2-})\,c^{9/8}(H^+)\,c(e^-)}\,.$$

Der Zusammenhang zwischen beiden Konstanten ist über die HENRY-Konstante und die Säurekonstante herzustellen. Es gilt:

$$H = \frac{c(H_2S)}{p(H_2S)} \qquad \Rightarrow \qquad p(H_2S) = \frac{c(H_2S)}{H}$$

$$K_S = \frac{c(H^+)\,c(HS^-)}{c(H_2S)} \qquad \Rightarrow \qquad c(H_2S) = \frac{c(H^+)\,c(HS^-)}{K_S}$$

$$\Rightarrow \qquad p(H_2S) = \frac{c(H_2S)}{H} = \frac{c(H^+)\,c(HS^-)}{K_S\,H}.$$

Der so gefundene Ausdruck für $p(H_2S)$ kann in das erste Massenwirkungsgesetz eingesetzt werden :

$$K = \frac{c^{1/8}(H^+)\,c^{1/8}(HS^-)}{K_S^{1/8}\,H^{1/8}\,c^{1/8}(SO_4^{2-})\,c^{10/8}(H^+)\,c(e^-)} = \frac{K^*}{K_S^{1/8}\,H^{1/8}}.$$

Für die gesuchte Konstante K^* ergibt sich damit:

$$K^* = K\,K_S^{1/8}\,H^{1/8}$$

oder in logarithmischer Form mit $\lg K = p\varepsilon^\circ$ (n ist hier 1!) und $pK_S = -\lg K_S$:

$$p\varepsilon^{\circ*} = p\varepsilon^\circ - 1/8\,pK_S + 1/8\,\lg H.$$

Für H ist vor dem Einsetzen eine Umrechnung der Einheit notwendig:

$$H = 102,2\,\frac{\text{mol}}{\text{m}^3\,\text{bar}} = 0{,}1022\,\frac{\text{mol}}{\text{L bar}} \quad \Rightarrow \quad \lg H = -0{,}99.$$

Die gesuchte Standardredoxintensität ergibt sich mit $pK_S = 7$ zu:

$$p\varepsilon^{\circ*} = 5{,}25 - \frac{7}{8} - \frac{0{,}99}{8} = 5{,}25 - 0{,}875 - 0{,}124 = 4{,}251 \approx \underline{4{,}25}.$$

L 7.13   Für das System $Fe(OH)_{3(s)}/\,Fe^{2+}$ ergibt sich die Redoxintensität zu:

$$p\varepsilon = p\varepsilon^\circ + \frac{1}{n}\lg\frac{[Ox]}{[Red]} = p\varepsilon^\circ + \frac{1}{1}\lg\frac{c^3(H^+)}{c(Fe^{2+})} = p\varepsilon^\circ - 3pH - \lg c(Fe^{2+})$$

$$p\varepsilon = 16 - 21 + 5 = 0.$$

Für das System O_2/H_2O ist anzusetzen:

$$p\varepsilon = p\varepsilon^\circ + \frac{1}{n}\lg\frac{[Ox]}{[Red]} = p\varepsilon^\circ + \frac{1}{1}\lg\big[c^{1/4}(O_2)\,c(H^+)\big] = p\varepsilon^\circ - pH + \frac{1}{4}\lg c(O_2).$$

Da im Gleichgewicht beide Redoxintensitäten gleich sein müssen, gilt auch für die zweite Teilreaktion $p\varepsilon = 0$. Damit erhält man die Sauerstoffkonzentration nach:

$$\frac{1}{4}\lg c(O_2) = p\varepsilon - p\varepsilon^\circ + pH = 0 - 21{,}5 + 7 = -14{,}5$$

$$\lg c(O_2) = -58 \quad \Rightarrow \quad c(O_2) = 1 \cdot 10^{-58}\ \text{mol/L}.$$

Man kann bei der Lösung der Aufgabe auch über das Massenwirkungsgesetz der Gesamtreaktion gehen. Addition der Teilgleichungen (zweite Gleichung in umgekehrter Richtung geschrieben) liefert:

$$Fe(OH)_{3(s)} + 2\,H^+ \rightleftharpoons Fe^{2+} + 5/2\,H_2O + 1/4\,O_{2(g)}\,.$$

Zur Vermeidung gebrochener Exponenten im Massenwirkungsgesetz empfiehlt sich die Multiplikation der Gleichung mit 4:

$$4\,Fe(OH)_{3(s)} + 8\,H^+ \rightleftharpoons 4\,Fe^{2+} + 10\,H_2O + O_{2(g)}\,.$$

Damit lautet das Massenwirkungsgesetz:

$$K = \frac{c^4(Fe^{2+})\,c(O_2)}{c^8(H^+)}\,.$$

Die Gleichgewichtskonstante erhält man aus den Standardredoxintensitäten, wobei zu beachten ist, daß nach der Multiplikation der Gleichung die Zahl der ausgetauschten Elektronen $n = 4$ beträgt:

$$\lg K = 4(p\varepsilon_1^\circ - p\varepsilon_2^\circ) = 4(16 - 21{,}5) = -22 \quad \Rightarrow \quad K = 1 \cdot 10^{-22}\ \text{L}^3/\text{mol}^3.$$

Für die gesuchte Sauerstoffkonzentration ergibt sich mit $c(H^+) = 10^{-pH} = 1 \cdot 10^{-7}$ mol/L und $c(Fe^{2+}) = 1 \cdot 10^{-5}$ mol/L:

$$c(O_2) = \frac{K\,c^8(H^+)}{c^4(Fe^{2+})} = \frac{1 \cdot 10^{-22}\,\text{L}^3/\text{mol}^3 \cdot 1 \cdot 10^{-56}\,\text{mol}^8/\text{L}^8}{1 \cdot 10^{-20}\,\text{mol}^4/\text{L}^4} = 1 \cdot 10^{-58}\ \text{mol/L}.$$

$\boxed{\text{L 7.14}}$ Zur besseren Übersicht formuliert man zunächst die einzelnen Massenwirkungsgesetze:

$$K = \frac{c(Fe^{2+})}{c(Fe^{3+})\,c(e^-)} \qquad\qquad p\varepsilon^\circ = \lg K = 13$$

$$K^* = \frac{c(Fe^{2+})}{c^3(H^+)\,c(e^-)} \qquad\qquad p\varepsilon^{\circ *} = \lg K^* = 16$$

$$K_W = c(H^+)\,c(OH^-) \qquad\qquad pK_W = 14$$

$$K_L = c(Fe^{3+})\,c^3(OH^-) \qquad\qquad pK_L = ?$$

Ausgehend vom Löslichkeitsprodukt kann man zuerst $c(\mathrm{Fe}^{3+})$ substituieren:

$$K_L = \frac{c(\mathrm{Fe}^{2+})}{K\,c(\mathrm{e}^-)}\,c^3(\mathrm{OH}^-)$$

$c(\mathrm{Fe}^{2+})$ ist dann durch die Gleichgewichtsbeziehung für die zweite Redoxgleichung zu ersetzen. Unter Berücksichtigung des Ionenprodukts des Wassers K_W ergibt sich:

$$K_L = \frac{K^*\,c^3(\mathrm{H}^+)\,c(\mathrm{e}^-)}{K\,c(\mathrm{e}^-)}\,c^3(\mathrm{OH}^-) = \frac{K^*\,c^3(\mathrm{H}^+)\,c^3(\mathrm{OH}^-)}{K} = \frac{K^*\,K_W^3}{K}$$

$$K_L = \frac{1\cdot10^{16}\,\mathrm{L}^3/\mathrm{mol}^3 \cdot 1\cdot10^{-42}\,\mathrm{mol}^6/\mathrm{L}^6}{1\cdot10^{13}\,\mathrm{L}/\mathrm{mol}} = \underline{1\cdot10^{-39}\,\mathrm{mol}^4/\mathrm{L}^4}$$

bzw. in logarithmischer Form:

$$\lg K_L = \lg K^* + 3\lg K_W - \lg K = p\varepsilon^{\circ*} + 3\lg K_W - p\varepsilon^\circ$$

$$-\lg K_L = -p\varepsilon^{\circ*} - 3\lg K_W + p\varepsilon^\circ$$

$$pK_L = -p\varepsilon^{\circ*} + 3\,pK_W + p\varepsilon^\circ = -16 + 42 + 13 = \underline{39}\,.$$

Formelsammlung

I Gleichgewichtsbeziehungen

Hinweis: Die folgenden Gleichungen basieren auf der vereinfachenden Annahme, daß die eigentlich zu verwendenden Aktivitäten näherungsweise durch die Konzentrationen ersetzt werden können. Diese Näherung gilt für verdünnte Lösungen.

Gaslöslichkeit / HENRYsches Gesetz – HENRY-Konstante H:

$$A_{(g)} \rightleftharpoons A_{(aq)} \qquad\qquad c(A) = H(A)\, p(A) = H(A)\, x(A)\, P$$

c – Stoffmengenkonzentration in der Lösung, p – Partialdruck, x – Stoffmengenanteil in der Gasphase, P – Gesamtdruck

Säure-Base-Gleichgewicht – Säurekonstante K_S:

$$HA \rightleftharpoons H^+ + A^- \qquad\qquad K_S = \frac{c(H^+)\, c(A^-)}{c(HA)} \qquad\qquad pK_S = -\lg K_S$$

c – Stoffmengenkonzentration

Säure-Base-Gleichgewicht – Basekonstante K_B:

$$B + H_2O \rightleftharpoons BH^+ + OH^- \qquad K_B = \frac{c(BH^+)\, c(OH^-)}{c(B)} \qquad pK_B = -\lg K_B$$

c – Stoffmengenkonzentration

Autoprotolyse des Wassers – Ionenprodukt des Wassers K_W:

$$H_2O \rightleftharpoons H^+ + OH^- \qquad\qquad K_W = c(H^+)\, c(OH^-) \qquad\qquad pK_W = -\lg K_W$$

c – Stoffmengenkonzentration

Lösungs- bzw. Fällungsgleichgewicht – Löslichkeitsprodukt K_L:

$$K_mA_n \rightleftharpoons m\, K^{n+} + n\, A^{m-} \qquad K_L = c^m(K^{n+})\, c^n(A^{m-}) \qquad pK_L = -\lg K_L$$

c – Stoffmengenkonzentration

Komplexbildungsgleichgewicht – individuelle Stabilitätskonstante K; Brutto-stabilitätskonstante β:

$Me + L \rightleftharpoons MeL$
$$K_1 = \frac{c(MeL)}{c(Me)\,c(L)}$$

$MeL + L \rightleftharpoons MeL_2$
$$K_2 = \frac{c(MeL_2)}{c(MeL)\,c(L)}$$

$Me + 2\,L \rightleftharpoons MeL_2$
$$\beta_2 = \frac{c(MeL_2)}{c(Me)\,c^2(L)}$$

c – Stoffmengenkonzentration

Redoxgleichgewicht – Standardredoxintensität $p\varepsilon^\circ$; Gleichgewichtskonstante K:

$Ox + n\,e^- \rightleftharpoons Red$
$$K = \frac{[Red]}{[Ox]\,c^n(e^-)} \qquad p\varepsilon = p\varepsilon^\circ + \frac{1}{n}\lg\frac{[Ox]}{[Red]}$$

$$p\varepsilon = -\lg c(e^-) \qquad p\varepsilon^\circ = \frac{1}{n}\lg K$$

$Ox_1 + Red_2 \rightleftharpoons Red_1 + Ox_2 \qquad K = \dfrac{[Red_1][Ox_2]}{[Ox_1][Red_2]} \qquad \lg K = n(p\varepsilon_1^\circ - p\varepsilon_2^\circ)$

$$p\varepsilon_1 = p\varepsilon_2$$

$p\varepsilon$ – Redoxintensität, n – Anzahl der pro Formelumsatz ausgetauschten Elektronen, [Ox], [Red] – Produkt der mit den stöchiometrischen Koeffizienten potenzierten Konzentrationen auf der Oxidationsmittelseite bzw. Reduktionsmittelseite der Reaktionsgleichung

II Konzentrations- und Gehaltsangaben

Stoffmengenkonzentration (Molarität) c: $\qquad c(X) = \dfrac{n(X)}{V_{Lsg}}$

n – Stoffmenge, V_{Lsg} – Lösungsvolumen

Äquivalentkonzentration $c(1/z^*\,\text{Ion})$:
$$c\!\left(\frac{1}{z^*}\,\text{Ion}\right) = z^*\,c(\text{Ion})$$

c – Stoffmengenkonzentration, z^* – Äquivalentzahl (Ionenwertigkeit, Betrag der Ionenladung)

Massenkonzentration β:
$$\beta(\text{X}) = \frac{m(\text{X})}{V_{Lsg}}$$

m – Masse, V_{Lsg} – Lösungsvolumen

Molalität c_m:
$$c_m(\text{X}) = \frac{n(\text{X})}{m_{LM}}$$

n – Stoffmenge, m_{LM} – Masse des Lösungsmittels

Massenanteil w:
$$w(\text{X}) = \frac{m(\text{X})}{m_{Lsg}} = \frac{m(\text{X})}{\sum_i m_i}$$

m – Masse, m_{Lsg} – Masse der Lösung

Stoffmengenanteil (Molenbruch) x:
$$x(\text{X}) = \frac{n(\text{X})}{\sum_i n_i}$$

n – Stoffmenge

Partialdruck p:
$$p(\text{X}) = x(\text{X})\,P$$

x – Stoffmengenanteil (Molenbruch), P - Gesamtdruck

Ionenstärke I:
$$I = 0{,}5\sum_i c_i\,z_i^2$$

c – Ionenkonzentration, z – Ionenladung

Stoffmenge n:
$$n(\text{X}) = \frac{m(\text{X})}{M(\text{X})}$$

m – Masse, M – molare Masse

pH, pOH, allgemein pX: $p\mathrm{H} = -\lg a(\mathrm{H}^+)$ $p\mathrm{OH} = -\lg a(\mathrm{OH}^-)$ $p\mathrm{X} = -\lg a(\mathrm{X})$

näherungsweise: $p\mathrm{H} = -\lg c(\mathrm{H}^+)$ $p\mathrm{OH} = -\lg c(\mathrm{OH}^-)$ $p\mathrm{X} = -\lg c(\mathrm{X})$

a – Aktivität, c – Stoffmengenkonzentration

III Ionenbilanz, Elektroneutralitätsbedingung

c(Kationenäquivalente) = c(Anionenäquivalente)

bzw.

$$\sum_i c_i z_i = 0$$

c(Kationenäquivalente), c(Anionenäquivalente) – Summe der Äquivalentkonzentrationen der Kationen bzw. Anionen, c_i – Ionenkonzentration, z_i – Ionenladung (vorzeichenbehaftet)

IV Kolligative Eigenschaften

Hinweis: Maßgeblich für die kolligativen Eigenschaften ist die Zahl der gelösten Teilchen. Die folgenden Gleichungen gelten für den einfachsten Fall: ein gelöster Stoff, keine Dissoziation. Liegen mehrere gelöste Stoffe vor, so ist über alle Stoffmengen (bzw. Konzentrationen, Molalitäten) zu summieren. Bei teilweiser oder vollständiger Dissoziation ist die Stoffmenge (bzw. Konzentration, Molalität) mit dem VAN'T HOFFschen Faktor i (s. u.) zu multiplizieren.
Generell wird hier ideales Verhalten angenommen. In realen Systemen wäre zusätzlich noch der osmotische Koeffizient als Korrekturgröße zu berücksichtigen.

Osmotischer Druck π: $\pi = c\,R\,T$

c – Stoffmengenkonzentration, R – Gaskonstante, T – absolute Temperatur

Gefrierpunktserniedrigung ΔT: $\qquad\qquad \Delta T = K_{kr}\, c_m$

c_m – Molalität, K_{kr} – kryoskopische Konstante (molale Gefrierpunktserniedrigung)

Siedepunktserhöhung ΔT: $\qquad\qquad \Delta T = K_{eb}\, c_m$

c_m – Molalität, K_{eb} – ebullioskopische Konstante (molale Siedepunktserhöhung)

Relative Dampfdruckerniedrigung $\Delta\, p/p_0$: $\qquad \dfrac{\Delta p}{p_0} = \dfrac{p_0 - p}{p_0} = x$

p_0 – Dampfdruck des reinen Lösungsmittels, p – Dampfdruck der Lösung, x – Stoffmengenanteil des gelösten Stoffes

VAN'T HOFFscher Faktor i: $\qquad\qquad i = 1 + (v-1)\alpha$

   bei vollständiger Dissoziation ($\alpha = 1$): $\quad i = v$

v – Zahl der pro Formeleinheit bei vollständiger Dissoziation entstehenden Teilchen, α – Dissoziationsgrad

Verzeichnis der Symbole und Abkürzungen

ADR	Abdampfrückstand
AOX	(an Aktivkohle) adsorbierbare organische Halogenverbindungen (Gruppenparameter für halogenorganische Verbindungen, in μg/L Cl^-)
a	Aktivität, Konzentrationsaktivität (in mol/L)
CSB	Chemischer Sauerstoffbedarf (in mg/L O_2)
c	Stoffmengenkonzentration (in mol/L)
c_m	Molalität (in mol/kg)
c_0	Ausgangskonzentration (in mol/L)
c_s	Sättigungskonzentration, Löslichkeit (in mol/L)
$c(1/z^* \text{ Ion})$	Äquivalentkonzentration (in mol/L) mit $z^* = $ Äquivalentzahl
DIC	Dissolved Inorganic Carbon, Gesamtkonzentration des gelösten anorganischen Kohlenstoffs, d.h., CO_2, HCO_3^- und CO_3^{2-} (in g/L oder mol/L)
E_H	Redoxpotential (in V)
$E_H{}^\circ$	Standardredoxpotential (in V)
f	Konzentrationsanteil
H	HENRY-Konstante (in mol m^{-3} bar^{-1})
I	Ionenstärke (in mol/L)
i	VAN'T HOFFscher Koeffizient
K	Gleichgewichtskonstante
K	individuelle Komplexstabilitätskonstante
K	Verteilungskoeffizient
K_B	Basekonstante
K_{eb}	ebullioskopische Konstante / molale Siedepunktserhöhung (in K kg mol^{-1})
K_{kr}	kryoskopische Konstante / molale Gefrierpunktserniedrigung (in K kg mol^{-1})
K_L	Löslichkeitsprodukt
K_S	Säurekonstante
$K_{S\,4,3}$	Säurekapazität bis pH $= 4{,}3$ (in mol/L)

K_W	Autoprotolysekonstante (Ionenprodukt) des Wassers (in mol^2/L^2)
M	Molare Masse (in g/mol)
MWG	Massenwirkungsgesetz
m	Masse (in g)
n	Stoffmenge (in mol)
n	Zahl der bei Redox-Reaktionen ausgetauschten Elektronen
P	Gesamtdruck (in bar)
p	Partialdruck (in bar)
p	Dampfdruck (in bar)
pH	negativer dekadischer Logarithmus der Wasserstoffionenaktivität (bzw. -konzentration)
pK_B	negativer dekadischer Logarithmus der Basekonstante, Baseexponent
pK_L	negativer dekadischer Logarithmus des Löslichkeitsprodukts, Löslichkeitsexponent
pK_S	negativer dekadischer Logarithmus der Säurekonstante, Säureexponent
pK_W	negativer dekadischer Logarithmus des Ionenprodukts des Wassers
pOH	negativer dekadischer Logarithmus der Hydroxidionenaktivität (bzw. -konzentration)
p_0	Dampfdruck des reinen Lösungsmittels (in bar)
$p\varepsilon$	Redoxintensität
$p\varepsilon^o$	Standardredoxintensität
Q	Produkt der aktuellen Konzentrationen, gebildet analog zum Massenwirkungsgesetz für die betrachtete Reaktion, Größe zur Beurteilung der Gleichgewichtseinstellung
R	allgemeine Gaskonstante (= 0,083145 bar L $mol^{-1}K^{-1}$)
S_I	Sättigungsindex, Größe zur Beurteilung der Einstellung des Kalk-Kohlensäure-Gleichgewichts
T	absolute Temperatur (in K)
V	Volumen (in L)
w	Massenanteil
x	Stoffmengenanteil (Molenbruch)
z	Ionenladung (vorzeichenbehaftet)
z^*	Äquivalentzahl (hier: Ionenwertigkeit, Betrag der Ionenladung)

[Ox]	Produkt der mit den stöchiometrischen Koeffizienten potenzierten Konzentrationen auf der Oxidationsmittelseite einer Redoxreaktion
[Red]	Produkt der mit den stöchiometrischen Koeffizienten potenzierten Konzentrationen auf der Reduktionsmittelseite einer Redoxreaktion
α	allgemein: Umsatzgrad, speziell: Dissoziationsgrad, Protolysegrad
β	Massenkonzentration (in g/L)
β_{diss}	Bruttodissoziationskonstante eines Komplexes
β_n	Bruttostabilitätskonstante eines Komplexes mit n Liganden
γ	Aktivitätskoeffizient
Δp	Druckdifferenz, hier: Dampfdruckerniedrigung (in bar)
ΔT	Temperaturdifferenz, hier: Siedepunktserhöhung bzw. Gefrierpunktserniedrigung (in K)
ϑ	Temperatur (in °C)
ν	Anzahl der bei vollständiger Dissoziation aus einer Formeleinheit entstehenden Teilchen
π	osmotischer Druck (in bar)
ρ	Dichte (in g/cm^3)

Anmerkung: Die Einheiten der Gleichgewichtskonstanten ergeben sich aus der Form des jeweiligen Massenwirkungsgesetzes

Literaturhinweise

Wasserchemie

Frimmel, F. H. (Hrsg.): Wasser und Gewässer. Ein Handbuch. Heidelberg, Berlin: Spektrum Akademischer Verlag 1999

Sigg, L.; Stumm, W.: Aquatische Chemie. Eine Einführung in die Chemie wäßriger Lösungen und natürlicher Gewässer. 4. Auflage. Zürich: vdf Verlag der Fachvereine und Stuttgart: Teubner-Verlag 1995

Worch, E.: Wasser und Wasserinhaltsstoffe. Eine Einführung in die Hydrochemie. Stuttgart, Leipzig: Teubner-Verlag 1997

Stöchiometrie / Chemische Gleichgewichte

Nylén, P.; Wigren, N.; Joppien, G.: Einführung in die Stöchiometrie. Kurzes Lehrbuch der allgemeinen und physikalischen Chemie. 19. Auflage. Darmstadt: Steinkopff-Verlag 1996

Ackermann, G. u. a.: Elektrolytgleichgewichte und Elektrochemie (Lehrbuch 5 der Reihe „Lehrwerk Chemie"). 5. Auflage. Leipzig: Deutscher Verlag für Grundstoffindustrie 1988

Sachregister